Statistik für Medizinerinnen und Mediziner

Oliver Strompen

Statistik für Medizinerinnen und Mediziner

Impressum

Bibliografische Information der Deutschen Nationalbibliothek
Die Deutsche Nationalbibliothek verzeichnet diese Publikation in der Deutschen Nationalbibliografie; detaillierte bibliografische Angaben sind im Internet unter `http://www.dnb.de` abrufbar.

Korrigierter Nachdruck der 1. Auflage 2024

Helmholtzstr. 2-9
10587 Berlin
Umschlag: Anna Spieth
Grafik: Simona Vogt
Satz & Layout: LaTeX(Zapf Palatino) Volker Thurner, Berlin
Druck und Bindung: Totem • Inowrocław • Polen
ISBN 978-3-96543-127-0 www.lehmanns.de

Inhaltsverzeichnis

Kapitel 1

Deskriptive Statistik

Nach der Bearbeitung dieser Lektion werden Sie wissen, ...

- welche Skalenniveaus bei Merkmalen unterschieden werden;
- welche Lageparameter für metrische und nominale Merkmale geeignet sind;
- welche Streuungsparameter unterschieden werden;
- was man unter der Korrelation zweier metrischer Merkmale versteht;
- wie eine Regressionsgerade ermittelt wird;
- welche Bedeutung das Bestimmtheitsmaß bei der Regressionsanalyse hat.

Aus der Praxis:

Bei einer Studie zum Einfluss straff gebundener Krawatten auf die Glaukomentstehung wurde der intraokuläre Druck (IOP) bei 200 Glaukompatienten bestimmt. Was ist bei dieser Untersuchung die Beobachtungseinheit, das Merkmal und die Merkmalsausprägung? Welches Skalenniveau liegt bei diesem Merkmal vor?

[A] Beobachtungseinheit: Glaukomerkrankung; Merkmal: Therapie; Merkmalsausprägung: 200 Patienten; Skalenniveau: nominal

[B] Beobachtungseinheit: Patient; Merkmal: IOP; Merkmalsausprägung: konkreter Druck in mmHg; Skalenniveau: metrisch

[C] Beobachtungseinheit: Krawatte; Merkmal: Glaukombehandlung; Merkmalsausprägung: Therapieerfolg; Skalenniveau: ordinal

1.1 Definition und Begrifflichkeiten

Die deskriptive (= beschreibende) Statistik zielt darauf ab, relevante Informationen aus empirischen Daten in Form von Tabellen, Abbildungen und statistischen Kennzahlen (bspw. als Mittelwerte) darzustellen. Personen, Versuchstiere oder Objekte, für die Messwerte bestimmt werden, sind die **Beobachtungseinheiten**. **Merkmale** (= Variablen) sind die beobachtbaren oder messbaren Eigenschaften der Beobachtungseinheiten. Der konkrete Messwert oder Beobachtungswert wird **Merkmalsausprägung** genannt.

1.2 Skalenniveau und grafische Darstellungsoptionen

Statistische Tests setzen meist ein bestimmtes Skalenniveau der Variablen voraus, sodass die Merkmale zunächst diesbezüglich zu beurteilen sind. Die nachfolgende Abbildung 1.1 zeigt das Spektrum der unterschiedlichen Skalenniveaus von Merkmalen.

Qualitative Merkmale besitzen **kategoriale** Merkmalsausprägungen, die zur statistischen Auswertung meist durch Zuordnung einer Zahl umcodiert werden. Wenn bei solchen kategorialen Merkmalen eine sinnvolle Reihenfolge der Merkmalsausprägungen aufgestellt werden kann (bspw. „Tumorstadien"), spricht man von **ordinalen** Merkmalen. Falls eine derartige Rangskalierung nicht möglich ist (bspw. „Geschlecht"), liegen **nominale** Merkmale vor. Sofern nur zwei Merkmalsausprägungen existieren, ist auch die Begrifflichkeit **binäres** oder **dichotomes** Merkmal gebräuchlich.

Bei quantitativen (metrischen) Merkmalen wird zwischen dem **diskreten** und dem **stetigen** Skalenniveau differenziert. Diskrete Merkmale haben **abzählbar** viele Merkmalsausprägungen (bspw. Anzahl der Geburten), während stetige Merkmale theoretisch **unendlich viele Messwerte zwischen zwei Merkmalsausprägungen** im Messbereich annehmen können (bspw. Gewicht

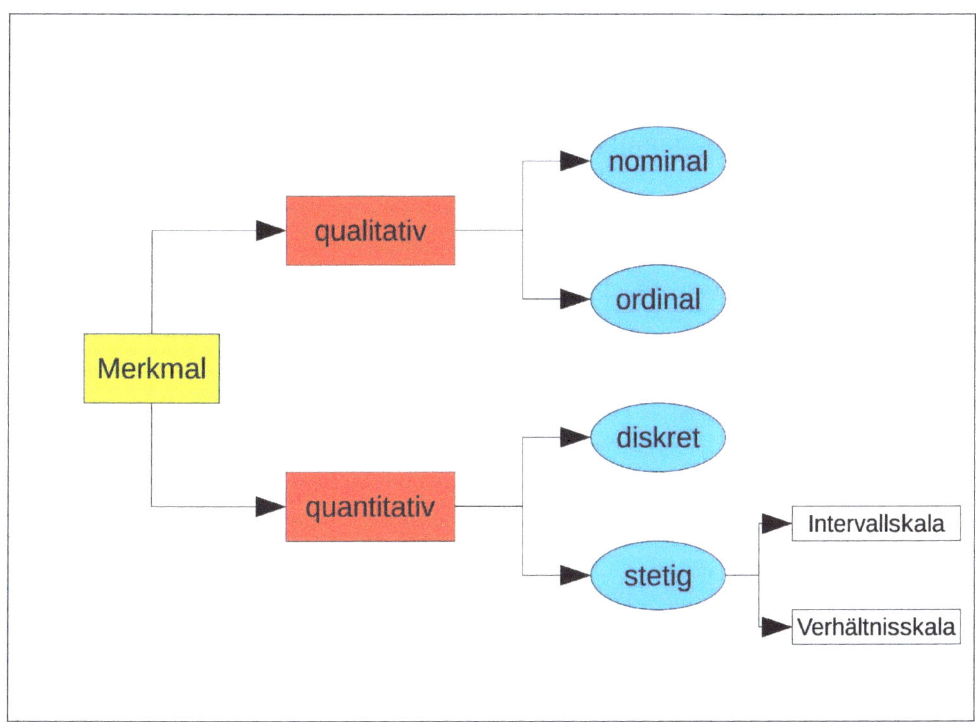

Abbildung 1.1: Skalenniveau eines Merkmals

oder Körpergröße). Bei stetigen Merkmalen unterscheidet man zwischen einer **Intervallskala** und einer **Verhältnisskala** (bzw. Ratioskala). Die intervallskalierten Merkmale ermöglichen eine sinnvolle **Interpretation von Differenzen** zweier Werte, wobei das Verhältnis dieser Werte nicht sachlich zu begründen ist. Ein Beispiel ist die Temperaturskala in °C, bei der bspw. der Unterschied zwischen -10 °C und 5 °C genauso groß ist wie der Unterschied zwischen 15 °C und 30 °C. Allerdings ist 30 °C nicht doppelt so warm wie 15 °C, da der Nullpunkt bei einer Temperaturskala in °C willkürlich (Gefrierpunkt des Wassers) gesetzt ist. Eine Umrechnung der Temperatur in Kelvin verdeutlicht die Unzulässigkeit der Verhältnisbildung der Merkmalsausprägungen. Eine Temperatur von 15 °C entspricht einer Temperatur von 288,15K und 30 °C entspricht 303,15K. Dabei errechnet sich ein Verhältnis von 303,15/288,15 = 1,05.

Ratioskalierte Merkmale haben im Gegensatz zu intervallskalierten Merkmalen einen **natürlichen Nullpunkt** (bspw. Gewicht oder Körpergröße). Hier sind nicht nur die absoluten Differenzen, sondern auch die **Verhältnisse zwei-**

er Merkmalsausprägungen sinnvoll interpretierbar. Ein 1,90 m großer Mann ist 95 cm größer oder doppelt so groß wie ein 0,95 m großes Kind. Zu den ratioskalierten Merkmalen gehört auch die Temperaturangabe in Kelvin, da hier ein physikalisch definierter absoluter Nullpunkt existiert.

Tabelle 1.1: Skalenniveau ausgewählter Merkmale

Merkmal		Interpretation	Beispiele
qualitativ (kategorial)	nominal	Gleichheit, Verschiedenheit	Geschlecht, Blutgruppen, Augenfarbe, Erkrankung an Leukämie (Ausprägung ja/nein)
	ordinal	zusätzlich: größer, kleiner	Tumorstadien, NYHA-Stadien bei Herzinsuffizienz
quantitativ (metrisch)	Intervallskala	zusätzlich: Vergleich von Differenzen	Temperatur in °C, IQ-Skala, Schallpegel in Dezibel
	Ratioskala	zusätzlich: Vergleich von Verhältnissen	Körpergröße, Gewicht, Alter, Temperatur in Kelvin, Glucosegehalt im Blut

Für die grafische Darstellung empirischer Daten muss das Skalenniveau berücksichtigt werden. Zunächst sind die **Häufigkeitsverteilungen** zu bestimmen, bei denen den Merkmalsausprägungen die absoluten Häufigkeiten (h(x)) oder die relativen Häufigkeiten (f(x) = h(x)/n; n=Stichprobenumfang) zugeordnet werden. Im Fall von stetigen Variablen werden Klassen gebildet, die einen bestimmten Bereich von Messwerten erfassen. Für diese Klassen können dann absolute bzw. relative Häufigkeiten bestimmt werden.

Für die Darstellung der Häufigkeitsverteilung nominaler Merkmale sind, sofern nicht zu viele Kategorien vorliegen, **Kreisdiagramme** geeignet. Bei ordinalen, nominalen und diskreten Merkmalen können **Balken- oder Säulendiagramme** verwendet werden, bei denen die Länge des Balken oder der Säule proportional zur absoluten oder relativen Häufigkeit der Merkmalsausprägung sein muss. Häufigkeitsverteilungen von stetigen Variablen werden in Form von **Histogrammen** dargestellt, bei denen die Fläche der Rechtecke proportional zur Häufigkeit gewählt werden muss (s. Abb. 1.2).

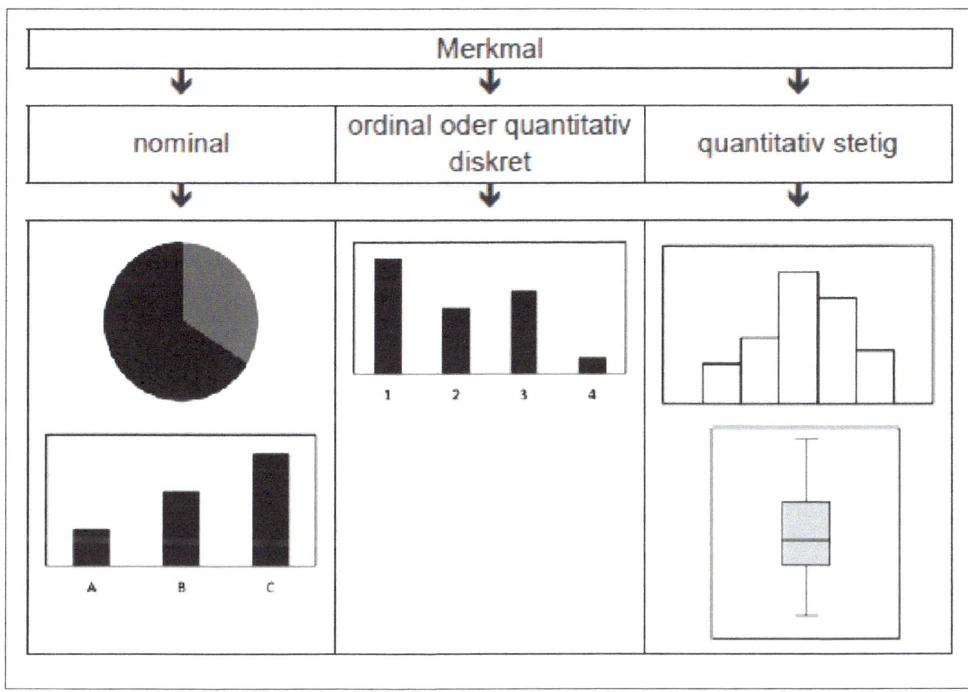

Abbildung 1.2: Grafische Darstellungsformen von Häufigkeitsverteilungen

Die **Schiefe** und die **Kurtosis** sind Maßzahlen für die Abweichung eines Verteilungsmusters von der Normalverteilung. Die Schiefe beschreibt eine Abweichung von der **Symmetrie** im Vergleich zur Normalverteilung, die achsensymmetrisch zu x = μ ist. **Rechtsschiefe** Verteilungen steigen links stark an und verlaufen nach rechts flach. **Linksschiefe** Verteilungen sind entsprechend rechtssteil und verlaufen links flach (s. Abb. 1.3)

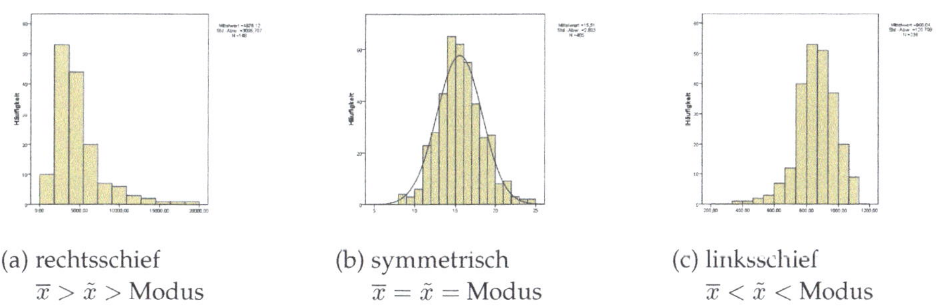

(a) rechtsschief
$\overline{x} > \tilde{x} >$ Modus

(b) symmetrisch
$\overline{x} = \tilde{x} =$ Modus

(c) linksschief
$\overline{x} < \tilde{x} <$ Modus

Abbildung 1.3: Muster von unimodalen Häufigkeitsverteilungen. $\overline{x}$: arithmetischer Mittelwert; $\tilde{x}$: Median

Die Kurtosis (**Wölbung**) zeigt an, ob eine Häufigkeitsverteilung im Vergleich zur Normalverteilung steilgipflig oder flachgipflig ist. Die Interpretation der Schiefe und der Kurtosis sind nur bei **unimodalen Verteilungen** sinnvoll.

1.3 Statistische Kennzahlen: Lage- und Streuungsmaße

Lagemaße geben eine Auskunft über den Bereich, in dem es zu einer Konzentration von Messwerten kommt. Der besonders häufig bestimmte Lageparameter für quantitative Merkmale ist das **arithmetische Mittel ($\overline{x}$)**, das errechnet wird, indem die Summe der einzelnen Messwerte durch den Stichprobenumfang geteilt wird (s. nachfolgende Formel).

$$\overline{x} = \frac{1}{n} \cdot \sum_{i=1}^{n} x_i$$

Das arithmetische Mittel ist wenig robust gegenüber Ausreißern unter den Messwerten und schiefen Verteilungen der Daten, sodass unter solchen Bedingungen der Median als Lageparameter vorzuziehen ist.

Der **Median ($\tilde{x}$)** kann für ordinale und quantitative Merkmale bestimmt werden und ist besonders robust gegenüber Ausreißern. Der Median teilt den ansteigend geordneten Datensatz in zwei gleich große Teile, sodass mindestens 50 % der Werte kleiner oder gleich und mindestens 50 % der Werte größer oder gleich dem Median sind (s. Abb. 1.4).

ansteigend geordnete Messwerte	
gerade Anzahl von Messwerten	ungerade Anzahl von Messwerten
$\tilde{x} = \frac{x_{\frac{n}{2}} + x_{\frac{n}{2}+1}}{2}$	$\tilde{x} = x_{\frac{n+1}{2}}$
Der Median ergibt sich als arithmetisches Mittel des $\frac{n}{2}$-ten und $(\frac{n}{2} + 1)$-ten Wertes der geordneten Urliste.	Der Median ist der $(\frac{n+1}{2})$-te Wert der geordneten Urliste.

Abbildung 1.4: Bestimmung des Medians. n: Anzahl der Messwerte

Beispielaufgabe zur Berechnung des Medians:

Bei einer Untersuchung zum Zusammenhang zwischen Führungsqualität und Schuhgröße wurden in einem Konzern bei 6 leitenden Mitarbeitern folgende Größen ermittelt: 42, 47, 49, 45, 47, 38. Es soll der Median bestimmt werden.

Lösung:

1. Die Messwerte werden ansteigend geordnet: 38, 42, 45, 47, 47, 49
2. Bei 6 Werten liegt der Median zwischen dem 3-ten und 4-ten Wert der geordneten Liste: 3-ter Wert = 45; 4-ter Wert = 47
3. Bestimmung des arithmetischen Mittels:

$\tilde{x} = \frac{x_{\frac{6}{2}} + x_{\frac{6}{2}+1}}{2} = \frac{x_3 + x_4}{2} = \frac{45+47}{2} = 46$

Zur Erfassung der Streuung von Messwerten wird die **Varianz** und die **Standardabweichung** angegeben (s. nachfolgende Formeln).

$$Varianz : s^2 = \frac{1}{n-1} \cdot \sum_{i=1}^{n} (x_i - \overline{x})^2$$

$$Standardabweichung : s = \sqrt{\frac{1}{n-1} \cdot \sum_{i=1}^{n} (x_i - \overline{x})^2}$$

Die Varianz ist die mittlere quadratische Abweichung der einzelnen Messwerte vom arithmetischen Mittelwert. Die Quadratwurzel der Varianz ergibt die Standardabweichung der Messwerte, wobei dieser Streuungsparameter die gleiche Einheit hat wie die Messwerte und somit für die Interpretation geeigneter ist. Da durch Schätzung des arithmetischen Mittels $\overline{x}$ ein Freiheitsgrad verbraucht ist, sollte mit dem Faktor 1/(n-1) gerechnet werden. Sofern verhältnisskalierte Daten vorliegen, ist der **Variationskoeffizient** CV (Coefficient of Variation) = $S/\overline{X} \cdot 100\,\%$ als weiterer Streuungsparameter gebräuchlich. Der CV wird insbesondere im Labor im Rahmen der Qualitätssicherung bestimmt. Varianz, Standardabweichung und Variationskoeffizient sind ausreißerempfindlich, sodass in solchen Fällen andere Streuungsparameter, wie bspw. der Interquartilabstand, zu bestimmen sind.

Der **Interquartilabstand (IQR; Interquartile Range)** ist der Abstand zwischen dem 25. und 75. Perzentil. Dieser Streuungsparameter ist robust gegenüber Ausreißern und umfasst 50 % der Messwerte, und zwar liegen 50 % der Messwerte zwischen dem 25. und 75. Perzentil. Das 25. Perzentil wird auch als **unteres Quartil (Q1)** bezeichnet, wobei 25 % der Messwerte kleiner oder gleich dem Q1 sind. 75 % der Messwerte sind analog kleiner oder gleich dem 75. Perzentil, das auch als **oberes Quartil (Q3)** bezeichnet wird.

Die **Spannweite (Range)** kennzeichnet die Differenz zwischen dem größten und dem kleinsten Wert. Allerdings ist dieser Streuungsparameter wie die Standardabweichung sehr ausreißerempfindlich. Als **Ausreißer** werden solche Messwerte klassifiziert, die mehr als das 1,5-fache des IQR vom oberen oder unteren Quartil abweichen.

Beispielaufgabe zur Erstellung von Box-Plots:

Toni bestellt häufig beim „Döner-Flitzer" seinen Lieblingsdöner. Da er sehr ungeduldig ist, dokumentiert er regelmäßig die Zeit zwischen der Bestellung und der Lieferung. Dabei konnte er folgende Zeiten (in min) messen: 25; 24; 36; 38; 37; 30; 32; 36; 35; 38; 28; 48; 65

Erstellen Sie einen Boxplot und interpretieren Sie die Ergebnisse.

Lösung:

1. Die Daten werden ansteigend geordnet:

   24; 25; 28; 30; 32; 35; 36; 36; 37; 38; 38; 48; 65 (n=13)

2. Bestimmung des Medians:

   $\tilde{x} = x_{\frac{n+1}{2}} = x_7 = 36$

3. Bestimmung von Q1 und Q3:

   24; 25; 28; 30; 32; 35;36; 36; 37; 38; 38; 48; 65

   Man bestimmt den „Median" der unteren Datenhälfte $\rightarrow$ also das arithmetische Mittel des 3. und des 4. Wertes der geordneten Urliste $\rightarrow$ Q1 = 29

   24; 25; 28; 30; 32; 35; 36; 36; 37; 38; 38; 48; 65

   Man bestimmt den „Median" der oberen Datenhälfte $\rightarrow$ also das arithmetische Mittel des 10. und des 11. Wertes der geordneten Urliste $\rightarrow$ Q3 = 38

4. Bestimmung des IQR:

   Q3 – Q1 = 9; also von 29 bis 38

5. Bestimmung von Ausreißern:

   Werte, die um 1,5 • IQR von Q1 oder Q3 abweichen $\rightarrow$ Messwerte: 65

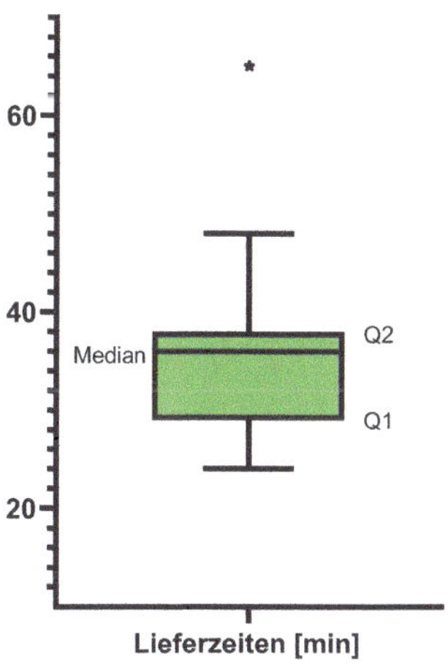

Abbildung 1.5: Boxplot der Lieferzeiten des „Döner-Flitzers".

6. Interpretation der Ergebnisse:

   Der Median beträgt 36 min. 50 % der Lieferungen wurden also nach spätestens 36 min geliefert. Bei 50 % der Fälle kam es zu Lieferzeiten zwischen 29 und 38 min. In 25 % der Fälle wurde erst nach 38 min oder sogar noch später geliefert. Es gab eine besonders späte Lieferung, und zwar nach 65 min. Die schnellste Lieferung erfolgte nach 24 min. Insgesamt konnte eine Spannweite der Lieferzeiten zwischen 24 und 65 min gemessen werden, wobei Toni allerdings bei 75 % der Lieferungen nicht länger als 38 min auf seinen Döner warten musste.

1.4 Lineare Regression

Bei der einfachen linearen Regressionsanalyse wird geprüft, ob es einen linearen Zusammenhang zwischen zwei metrischen Merkmalen gibt. Zusätzlich erlaubt die Regressionsanalyse die Bestimmung von Schätzwerten, indem mit einer Regressionsgeraden ein funktioneller Zusammenhang zwischen einer unabhängigen Variablen X (Prädiktor) und einer abhängigen Variablen Y (Zielgröße oder Kriterium) modelliert wird.

Die Stärke des linearen Zusammenhangs wird mit dem **Korrelationskoeffizienten „r" nach Pearson** quantifiziert, wobei positive und negative lineare Zusammenhänge möglich sind und der Korrelationskoeffizient auf das Intervall $-1 \leq r \leq 1$ beschränkt ist.

Der Korrelationskoeffizient errechnet sich wie folgt:

$$r_{xy} = \frac{s_{xy}}{\sqrt{s_x^2 \cdot s_y^2}}$$

r_{xy} : Korrelationskoeffizient nach Pearson

s_{xy} : Kovarianz von unabhängiger und abhängiger Variable

s_x^2 : Varianz der unabhängigen Variable

s_y^2 : Varianz der abhängigen Variable

Hinsichtlich der Interpretation der Korrelationskoeffizienten gibt es folgende Regeln:

$\vert r \vert < 0{,}2$:	kein Zusammenhang
$0{,}2 \leq \vert r \vert < 0{,}5$:	schwacher Zusammenhang
$0{,}5 \leq \vert r \vert < 0{,}8$:	mittlerer Zusammenhang
$\vert r \vert \geq 0{,}8$:	starker Zusammenhang

Der funktionelle lineare Zusammenhang wird mit der **Regressionsgeraden $\hat{y} = a + bx$** beschrieben, wobei b die Steigung der Geraden und a der Y-Achsenabschnitt ist. Die Steigung der Regressionsgeraden wird auch als **Regressionskoeffizient** bezeichnet. Wenn sich der x-Wert um eine Einheit vergrößert, dann wächst der $\hat{y}$-Wert im Mittel um b. Generell lassen sich mit Regressionsgeraden Schätzwerte für die Zielgröße errechnen. Diese Schätzwerte dürfen nur im Intervall ermittelt werden, das durch den niedrigsten und größten x-Wert der empirischen Ergebnisse festgelegt ist. Ferner ist die Schätzung umso sicherer, je größer der Betrag des Korrelationskoeffizienten nach Pearson ist.

Die Regressionsgerade erhält man als Ausgleichsgerade in der Punktewolke der Messwerte. Man berechnet die Parameter a und b mit einer Extremwertbetrachtung, und zwar wählt man diese Parameter so, dass die **Summe der Abweichungsquadrate** der empirischen Punkte zur Regressiongerade minimal ist (s. Abb. 1.6). Dabei lassen sich derartige Abweichungsquadrate auf zwei Wegen erzeugen, womit auch zwei Regressionsgeraden möglich sind. Üblicherweise werden Abweichungsquadrate von y bezüglich x konstruiert, also als vertikale Abweichungen der Punkte zur Gerade.

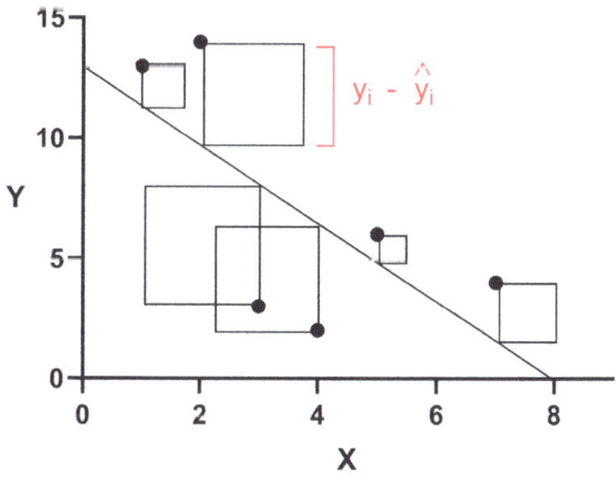

Abbildung 1.6: Veranschaulichung der Methode der „kleinsten Quadrate“

Die Summe der quadrierten vertikalen Abstände S (a,b) der beobachteten Werte zur Regressionsgerade muss minimiert werden. Für die mathematische Lösung dieses Extremwertproblems erhält man folgenden Ansatz:

$$S(a,b) = \sum_{i=1}^{n}(y_i - \widehat{y}_i)^2 = \sum_{i=1}^{n}(y_i - (a + b \cdot x))^2 \Rightarrow Min$$

Wenn die partiellen Ableitungen nach a und nach b gleich Null gesetzt werden, erhält man folgende Lösungen:

$$b = \frac{s_{xy}}{s_x^2} \text{ und } a = \overline{y} - \frac{s_{xy}}{s_x^2} \cdot \overline{x}$$

Der Y-Achsenabschnitt a lässt sich mit der Lösung von b und dem Schwerpunkt S $(\overline{x}/\overline{y})$ der Punktewolke der empirischen Werte errechnen. Es ist zu berücksichtigen, dass die Größe des Regressionskoeffizienten keine Aussagekraft hinsichtlich der Stärke des Zusammenhangs hat. Für die Stärke des Zusammenhangs ist der Korrelationskoeffizient nach Pearson entscheidend. Je weniger die beobachteten Werte um die Regressionsgerade streuen, desto größer ist $|r|$ bzw. der lineare Zusammenhang der untersuchten Variablen. Die Güte der Anpassung des Modells für die Prognose der Zielgröße wird häufig durch das **Bestimmtheitsmaß** r^2 quantifiziert. Das Bestimmtheitsmaß gibt an, wie viel Prozent der Varianz der Zielgröße (abhängige Variable) durch das Regressionsmodell erklärt wird. Man spricht auch von der erklärten Varianz.

$$Bestimmtheitsma\text{ß} = r^2 = \frac{\sum_{i=1}^{n}(\widehat{y}_i - \overline{y})^2}{\sum_{i=1}^{n}(y_i - \overline{y})^2}$$

Das Bestimmtheitsmaß wird in der folgenden Abbildung 1.7 veranschaulicht.

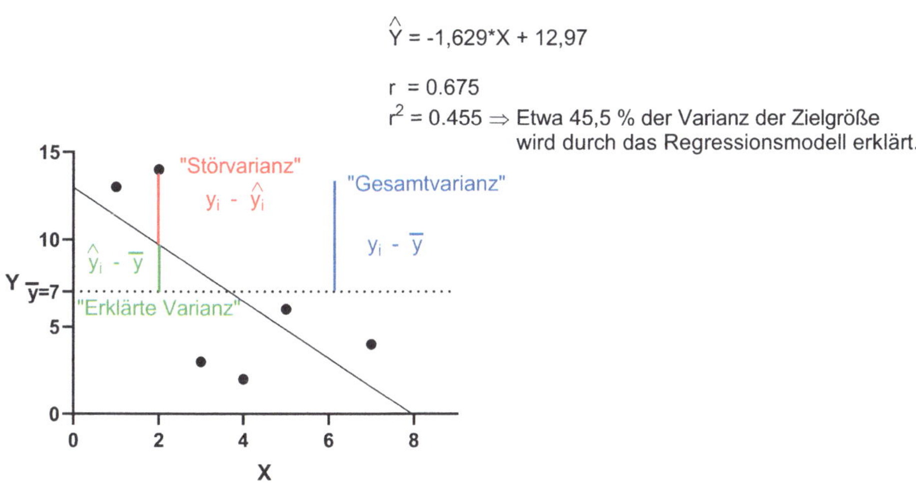

Abbildung 1.7: Veranschaulichung des Bestimmtheitsmaßes

Beispielaufgabe zur linearen Regression:

Bei den Kühen eines Biolandwirts ergab sich zwischen dem Prädiktor Milchmenge [X-Wert in kg/Tag] und dem Kriterium Fettgehalt der Milch [Y-Wert in %] folgende Regressionsgerade: $y = -0{,}18x + 9{,}8$. Der Korrelationskoeffizient beträgt $r = -0{,}72$.

a) Um wie viel verändert sich der Fettgehalt der Milch im Mittel, wenn die Milchmenge um 1 kg/Tag steigt?

b) Welcher Anteil der empirischen Varianz der Fettgehalte der Milch wird durch die produzierte Milchmenge erklärt?

Lösung:

a) Der Regressionskoeffizent beträgt -0,18. Der Fettgehalt der Milch vermindert sich durchschnittlich um 0,18 Prozentpunkte, wenn die produzierte Milchmenge um 1 kg/Tag erhöht wird.

b) Bestimmtheitsmaß= $r^2 = (-0{,}72)^2 = 0{,}5184$. Ca. 51,84 % der Varianz des Kriteriums „Fettgehalt“ werden durch den Prädiktor „Milchmenge“ erklärt.

Kapitel 2

Elementare Wahrscheinlichkeitsrechnung

Nach der Bearbeitung dieser Lektion werden Sie wissen, ...

- was ein Laplace-Experiment ist;
- wie bedingte Wahrscheinlichkeiten berechnet werden;
- was unter normalverteilten Zufallsvariablen zu verstehen ist;
- was unter binomialverteilten Zufallsvariablen zu verstehen ist;
- was der positive Vorhersagewert bei einem diagnostischen Test ist;
- welche Bedeutung die ROC-Analyse hat.

Aus der Praxis:

Bei einer Physiologieklausur im 4. Semester des Medizinstudiums gibt es zwei Gruppen von Medizinstudenten. Die „Streber", die mit einer Wahrscheinlichkeit von 90 % die Klausur bestehen und die „Partygänger", die nur mit einer Wahrscheinlichkeit von 20 % erfolgreich sind. Der Anteil der „Streber" unter den Prüfungskandidaten beträgt 30 %, während man 70 % „Partygänger" findet.

Wie hoch ist die Wahrscheinlichkeit unter denjenigen, die die Prüfung bestanden haben, einen „Partygänger" zu finden?

[A] ca. 34 %

[B] ca. 14 %

[C] ca. 29 %

[D] ca. 5 %

2.1 Begrifflichkeiten

Wahrscheinlichkeiten sind ein Maß zur Beschreibung zufälliger Ereignisse. Man bestimmt derartige Wahrscheinlichkeiten meist als **Grenzwert der relativen Häufigkeit** von Ereignissen. Bei wiederholtem Wurf eines idealen Würfels wird man eine relative Häufigkeit für eine bestimmte Augenzahl erhalten, die sich dem Wert 1/6 annähert, sodass man diese relative Häufigkeit als Wahrscheinlichkeit verwenden kann, bei einem Wurf eine bestimmte Augenzahl zu erhalten.

Ein **Zufallsexperiment** ist ein Versuch unter festgelegten Bedingungen mit einem zufälligen Ausgang. Der spezielle Ausgang eines Experiments wird als **Ergebnis** des Zufallsexperiments bezeichnet (bspw. Wurf der Augenzahl 6 mit einem idealen Würfel), während eine Menge von solchen Ergebnissen eines Zufallsexperiments als **Ereignis** bezeichnet wird (bspw. Wurf einer Primzahl mit einem idealen Würfel).

Man spricht von einem **Laplace-Experiment**, falls bei einem Zufallsexperiment alle Ergebnisse die gleiche Wahrscheinlichkeit haben (bspw. Wurf einer Münze mit den Ergebnissen Wappen oder Zahl).

Die **Wahrscheinlichkeit P** (engl. Probability) für ein Ereignis A errechnet sich als Verhältnis der Zahl aller Ergebnisse des Zufallsexperiments, die zu A gehören, und der Anzahl aller möglichen Ergebnisse des Zufallsexperiments.

$$P(A) = \frac{Anzahl\ aller\ Ergebnisse\ des\ Ereignisses\ A}{Anzahl\ aller\ möglichen\ Ergebnisse\ des\ Zufallsexperiments}$$

2.2 Rechenregeln für Wahrscheinlichkeiten

Für das Rechnen mit Wahrscheinlichkeiten sind folgende **Rechenregeln** hilfreich:

1. Nicht-Negativitäts-Bedingung für das Ereignis A:

P(A) ≥ 0

2. Additionssatz:

Die Wahrscheinlichkeit dafür, dass die Ereignisse A oder B eintreten, also A oder B oder beide eintreten, errechnet sich mit

P (A ∪ B) = P (A) + P (B) – P (A ∩ B),

wobei P (A ∩ B) die Wahrscheinlichkeit dafür ist, das beide Ereignisse zusammen auftreten.

Falls A ∩ B = Ø bzw. P (A ∩ B) = 0 gilt, kann mit der vereinfachten Gleichung P (A ∪ B) = P (A) + P (B) gerechnet werden. Die Ereignisse können also nicht gemeinsam eintreten. Man spricht in diesem Fall auch von **disjunkten** Ereignissen.

3. Satz vom Komplement:

Falls $\overline{A}$ das Gegenereignis von A ist, ergibt sich die Wahrscheinlichkeit für das Eintreten von $\overline{A}$ durch **P ($\overline{A}$) = 1 – P (A)**

Beispielaufgabe zum Additionssatz:

Bei einer Krankheit treten häufiger zwei Symptome auf. Man kann davon ausgehen, dass das Symptom A mit einer Wahrscheinlichkeit von 50 % und das Symptom B mit einer Wahrscheinlichkeit von 60 % auftritt. Dass sogar beide Symptome auftreten, wird auf 30 % geschätzt. Wie groß ist unter diesen Annahmen die Wahrscheinlichkeit, dass keines der beiden Symptome auftritt?

$P(A) = 0,5; P(B) = 0,6; P(A \cap B) = 0,3;$ gesucht: $P(\overline{A \cup B}) = P(\overline{A} \cap \overline{B})$

$P(\overline{A \cup B}) = 1 - P(A \cup B) = 1 - [P(A) + P(B) - P(A \cap B)] = 1 - [0,5 + 0,6 - 0.3] = 0,2$

Die Wahrscheinlichkeit, dass keines der beiden Symptome auftritt beträgt 20 %.

Alternativer Rechenweg:

$P(\overline{A}\cap\overline{B}) = P(\overline{A})\cdot P(\overline{B}) = [1 - P(A)]\cdot[1 - P(B)] = 0,5\cdot 0,4 = 0,2$

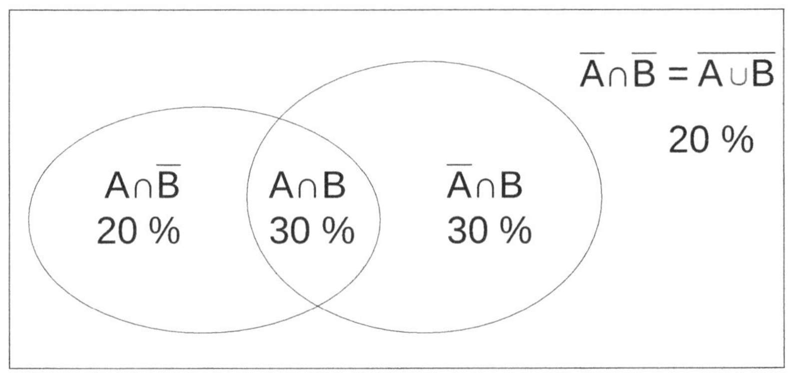

Abbildung 2.1: Darstellung in einem Venn-Diagramm

Beispielaufgabe zum Satz vom Komplement:

In einer Familie mit fünf Kindern sind die leiblichen Eltern heterozygot hinsichtlich des ein adrenogenitales Syndrom verursachenden Gens. Die Kinder dieser Familie sind bei diesem autosomal rezessiven Erbgang mit einer Wahrscheinlichkeit von 25 % erkrankt.

Mit welcher Wahrscheinlichkeit ist mindestens eines der fünf Kinder dieser Familie an einem adrenogenitalen Syndrom erkrankt?

Ereignis A: mindestens ein Kind ist erkrankt

Ereignis $\overline{A}$: kein Kind ist erkrankt

$P(A) = 1 - P(\overline{A}) = 1 - 0{,}75^5 \approx 0{,}7627$

Mit einer Wahrscheinlichkeit von ca. 76,27 % ist mindestens eines der fünf Kinder an einem adrenogenitalen Syndrom erkrankt.

4. Bedingte Wahrscheinlichkeit:

Die Wahrscheinlichkeit für das Ereignis A, wenn das Ereignis B bereits eingetreten ist, wird bedingte Wahrscheinlichkeit **P (A | B) (P für A, gegeben B)** genannt. Diese bedingte Wahrscheinlichkeit errechnet sich mit folgendem Term:

$$P(A \mid B) = \frac{P(A \cap B)}{P(B)}$$

Alternativ kann die bedingte Wahrscheinlichkeit mit dem **Bayes-Theorem** berechnet werden:

$$P(A \mid B) = \frac{P(B \mid A) \cdot P(A)}{P(B \mid A) \cdot P(A) + P(B \mid \overline{A}) \cdot P(\overline{A})}$$

$P(B \mid A)$: Wahrscheinlichkeit für ein Ereignis B, gegeben A

$P(A)$: Wahrscheinlichkeit für ein Ereignis A

$P(\overline{A})$: Wahrscheinlichkeit für das Gegenereignis zu A

$P(B \mid \overline{A})$: Wahrscheinlichkeit für ein Ereignis B, gegeben $\overline{A}$

Tabelle 2.1: Wahrscheinlichkeiten in einer Vier-Felder-Tafel

		Merkmal A		
		A	$\overline{A}$	
Merkmal B	B	$P(A \cap B) =$ $P(B \mid A) \cdot P(A) =$ $P(A \mid B) \cdot P(B)$	$P(\overline{A} \cap B) =$ $P(B \mid \overline{A}) \cdot P(\overline{A}) =$ $P(\overline{A} \mid B) \cdot P(B)$	$P(B)$
	$\overline{B}$	$P(A \cap \overline{B}) =$ $P(\overline{B} \mid A) \cdot P(A) =$ $P(A \mid \overline{B}) \cdot P(\overline{B})$	$P(\overline{A} \cap \overline{B}) =$ $P(\overline{B} \mid \overline{A}) \cdot P(\overline{A}) =$ $P(\overline{A} \mid \overline{B}) \cdot P(\overline{B})$	$P(\overline{B})$
		$P(A)$	$P(\overline{A})$	1

Eine **stochastische Unabhängigkeit** zweier Merkmale ist gegeben, falls folgende Bedingungen erfüllt sind:

$P(A \mid B) = P(A)$

$P(B \mid A) = P(B)$

$P(A \cap B) = P(A) \cdot P(B)$

Beispielaufgabe zur bedingten Wahrscheinlichkeit:

In einer Studie mit 400 Patienten zum Zusammenhang zwischen einer Diabeteserkrankung und der Anfälligkeit für nosokomiale Infektionen hat man folgende Ergebnisse erhalten:

Tabelle 2.2: Diabeteserkrankung und Anfälligkeit für nosokomiale Infektionen

		Infektion		
		Ja (A)	Nein ($\overline{A}$)	gesamt
Diabetes	Ja (B)	25	25	50
	Nein($\overline{B}$)	90	260	350
gesamt		115	285	400

Ein Patient ist an einer nosokomialen Infektion erkrankt. Berechnen Sie die Wahrscheinlichkeit dafür, dass es sich bei diesem Patienten um einen Diabetiker handelt.

Man verwendet folgende Formel:

$P(B \mid A) = \frac{P(A \cap B)}{P(A)}$

$P(B \mid A)$: gesuchte Wahrscheinlichkeit

$P(A)$: Die Wahrscheinlichkeit für einen Patienten, an einer nosokomialen Infektion zu erkranken ist $P(A) = 115/400 = 0,2875$.

$P(A \cap B)$: Die Wahrscheinlichkeit, dass ein Patient an einer nosokomialen Infektion erkrankt und Diabetiker ist, beträgt $P(A \cap B) = 25/400 = 0,0625$.

Damit ist $P(B \mid A) = 0,0625/0,2875 \approx 0,2174$

Die Wahrscheinlichkeit, dass es sich bei dem infizierten Patienten um eine Diabetiker handelt, beträgt ca. 21,74 %.

2.3 Wahrscheinlichkeitsverteilungen

Ein n-stufiges Zufallsexperiment, bei dem es pro Stufe nur zwei Ergebnisse gibt, also die Ergebnisse „Erfolg mit der Erfolgswahrscheinlichkeit p“ oder „Misserfolg mit der Wahrscheinlichkeit $1 - p$“, und bei dem die Erfolgswahrscheinlichkeit für jede Stufe gleich ist, ist **binomialverteilt** mit den Parametern n und p.

Die Wahrscheinlichkeit, bei einem derartigen Zufallsexperiment k Erfolge zu haben, kann wie folgt berechnet werden:

$P(X = k) = \binom{n}{k} \cdot p^k \cdot (1-p)^{n-k}; \binom{n}{k} = \frac{n!}{k! \cdot (n-k)!} (Binomialkoeffizient)$

Die Zufallsvariable X ist eine Funktion, bei der jedem Ereignis eines Zufallsexperiments eine Zahl zugeordnet wird. Der Binomialkoeffizient zählt dabei die Möglichkeiten, k Erfolge bei einem n-stufigen Zufallsexperiments zu erhalten. Der Erwartungswert und die Standardabweichung binomialverteilter Zufallsvariablen lassen sich wie folgt berechnen:

$$E(X) = n \cdot p$$

$$\sigma = \sqrt{n \cdot p \cdot (1-p)}$$

Der Erwartungswert gibt an, wie viele Erfolge man bei einem n-stufigen Zufallsexperiment einer binomialverteilten Zufallsvariablen im Mittel erwarten kann.

Die wichtigste stetige Wahrscheinlichkeitsverteilung ist die **Normalverteilung**. Eine Zufallsvariable X heißt normalverteilt mit den Parametern μ (Erwartungswert) und σ (Standardabweichung), wenn sie folgende Dichtefunktion $f(x)$ hat (s. Abb. 2.2).

$$f(x) = \frac{1}{\sqrt{2 \cdot \pi \cdot \sigma}} \cdot e^{-\frac{1}{2} \cdot \left(\frac{x-\mu}{\sigma}\right)^2}$$

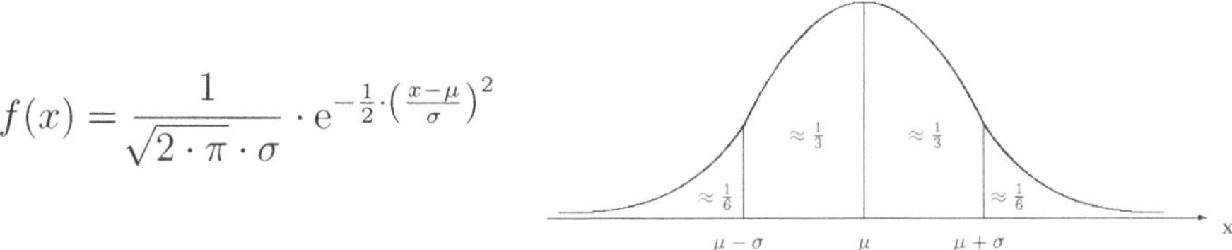

Abbildung 2.2: Dichtefunktion der Normalverteilung

Eigenschaften der Normalverteilung:

- Die Dichtefunktion ist symmetrisch zur Achse x = μ
- Die **Verteilungsfunktion** lautet $F(x) = \int_{-\infty}^{x} \frac{1}{\sqrt{2 \cdot \pi \cdot \sigma}} \cdot e^{-\frac{1}{2} \cdot \left(\frac{t-\mu}{\sigma}\right)^2} dt$

  Der Wert der Verteilungsfunktion an der Stelle x entspricht der Fläche unter der Kurve der Dichtefunktion im Intervall von „minus unendlich“ und x.
- Die **Standardnormalverteilung** besitzt die Parameter μ = 0 und σ = 1

- Eine beliebige Normalverteilung lässt sich **standardisieren**, also zur Standardnormalverteilung transformieren.

  Sei $X \sim N(\mu, \sigma^2)$, dann gilt: $Z = \frac{X-\mu}{\sigma} \sim N(0,1)$

Für die normalverteilte Zufallsvariable gelten folgende Regeln für zentrale **Schwankungsintervalle (s. Abb. 2.3)**:

[μ–σ; μ+σ] mit 68,3 % der Gesamtfläche, d. h. ca. 68,3 % der Werte fallen in dieses Intervall

[μ–2σ; μ+2σ] mit 95,4 % der Gesamtfläche, d. h. ca. 95,4 % der Werte fallen in dieses Intervall

[μ–3σ; μ+3σ] mit 99,7 % der Gesamtfläche, d. h. ca. 99,7 % der Werte fallen in dieses Intervall

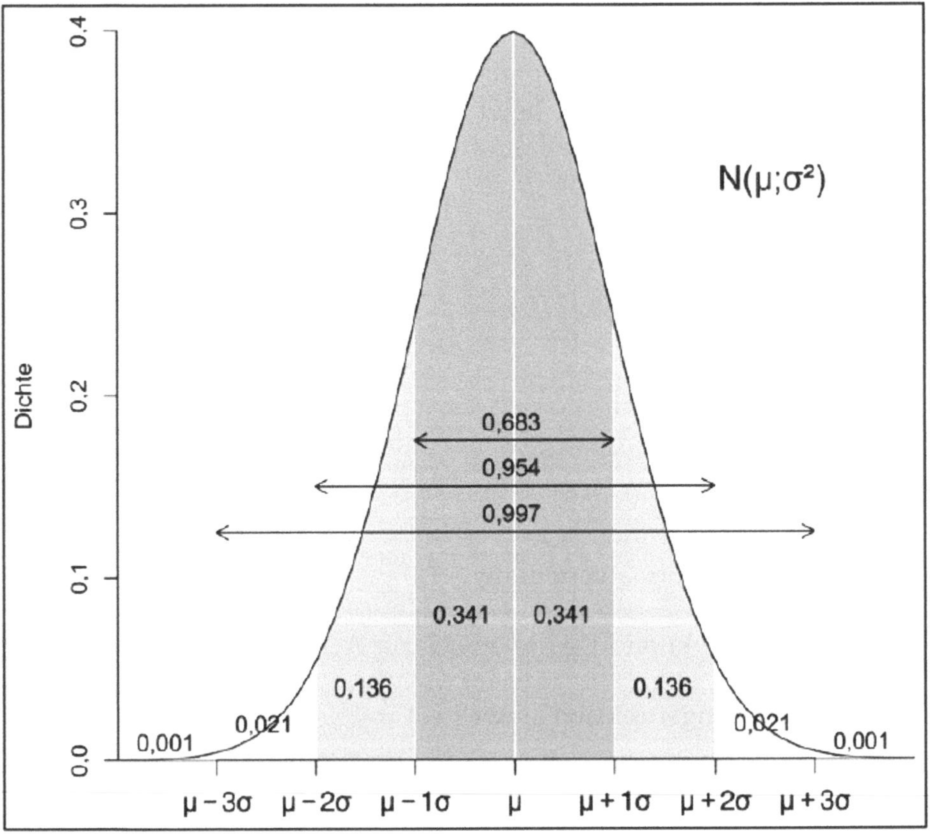

Abbildung 2.3: Zentrale Schwankungsintervalle normalverteilter Zufallsvariablen

Beispielaufgabe zur Binomialverteilung:

Eine Firma behauptet, sie habe für die künstliche Besamung von Pferden ein Verfahren entwickelt, bei dem die gezeugten Fohlen mit einer Sicherheit von 90 % männlich seien. Wie groß ist dann bei 30 erfolgreich durchgeführten künstlichen Besamungen die Wahrscheinlichkeit, dass mindestens 90 % der Nachkommen männlich sind, wenn man die Behauptung der Firma als richtig voraussetzt?

X : Anzahl der männlichen Fohlen in einer Stichprobe des Umfangs 30

X ist binomialverteilt mit n=30 und p=0,9, wenn die Firma Recht hat.

$$P(X \geq 27) = \sum_{k=27}^{30} \binom{30}{k} \cdot 0,9^k \cdot 0,1^{30-k} = 0,6474$$

Bei einer Stichprobe von 30 Stuten, die 30 Fohlen gebären, werden in ca. 64,74 % der Stichproben mindestens 90 % der Fohlen männlich sein.

Beispielaufgabe zur Normalverteilung:

In einer Stichprobe von 500 Probanden wurde die Nüchternglucose im Kapillarblut bestimmt. Die Werte waren normalverteilt, wobei ein Mittelwert von 90 mg/dl und eine Standardabweichung von 6,6 mg/dl bestimmt wurden. In welchem Bereich lagen ca. 95 % der Probandenwerte?

Bei einer Normalverteilung liegen ca. 95 % der Werte in einem Intervall von jeweils zwei Standardabweichungen unterhalb und oberhalb des Mittelwertes.

[90 mg/dl -13,2 mg/dl; 90 mg/dl +13,2 mg/dl] = [76,8 mg/dl; 103,2 mg/dl]

Im gegebenen Fall liegt das Intervall zwischen 76,8 mg/dl und 103,2 mg/dl.

2.4 Diagnostischer Test

Bei einem diagnostischen Test soll anhand eines Befundes bzw. Parameters entschieden werden, ob eine Person an einer bestimmten Krankheit erkrankt ist. Die Ergebnisse eines solchen Tests können durch nachfolgende Kontingenztabelle veranschaulicht werden (s. Tab. 2.3).

Tabelle 2.3: Vierfeldertafel zum diagnostischen Test

		Krankheit		
		Ja (K+)	Nein (K-)	
Test	Positiv (T+)	P (K+ ∩ T+)	P (K- ∩ T+)	P (T+)
	Negativ (T-)	P (K+ ∩ T-)	P (K- ∩ T-)	P (T-)
		P (K+)	P (K-)	1

Die Summe der Wahrscheinlichkeiten für richtig positive und richtig negative Testergebnisse (P (K+ ∩ T+) + P (K- ∩ T-)) wird als **Genauigkeit (accuracy)** eines diagnostischen Tests bezeichnet.

Die **Sensitivität** eines Tests ist die Wahrscheinlichkeit für ein positives Testergebnis, wenn bekannt ist, dass die Person krank ist (P (T+ | K+)).

Die **Spezifität** ist die Wahrscheinlichkeit für ein negatives Testergebnis, wenn bekannt ist, dass die Person gesund ist (P (T- | K-)).

Der **positive Vorhersagewert** ist die Wahrscheinlichkeit dafür, dass eine Person erkrankt ist, wenn ein positives Testergebnis bekannt ist (P (K+ | T+)).

Der **negative Vorhersagewert** ist die Wahrscheinlichkeit dafür, dass eine Person gesund ist, wenn ein negatives Testergebnis bekannt ist (P (K- | T-)).

Der positive Vorhersagewert hat bei einem diagnostischen Test eine besondere Bedeutung, da er die Aussagekraft positiver Testergebnisse für die Patienten quantifiziert.

Für die Berechnung des positiven Vorhersagewertes sind zwei Ansätze möglich. Zunächst kann die Wahrscheinlichkeit aus der Kontigenztabelle als bedingte Wahrscheinlichkeit berechnet werden:
P (K+ | T+) = P (K+ ∩ T+) / P (T+)

Bei gegebener **Sensitivität, Spezifität und Prävalenz** lässt sich der positive Vorhersagewert mit dem **Theorem von Bayes** wie folgt berechnen:

$$P(K+ \mid T+) = \frac{Sensitivität \cdot Prävalenz}{Sensitivität \cdot Prävalenz + (1 - Spezifität) \cdot (1 - Prävalenz)}$$

Beispielaufgabe zum diagnostischen Test:

In Deutschland beträgt die Prävalenz der glutensensitiven Enteropathie nur ca. 1 %, obwohl es ein reichhaltiges Angebot an glutenfreien Lebensmitteln gibt, welche auch von Personen ohne nachgewiesene Unverträglichkeit genutzt werden.

Liegt eine Glutenunverträglichkeit vor, so erhält man bei einem Schnelltest mit einer Wahrscheinlichkeit von 98 % ein positives Testergebnis. Allerdings erhält man auch bei 4 % der Gesunden ein positives Resultat bei diesem Schnelltest. Wie groß ist die Wahrscheinlichkeit dafür, dass eine glutensensitive Enteropathie vorliegt, wenn das Testergebnis positiv ist?

Lösung:

Gesucht wird der positive Vorhersagewert.

Mit einer Prävalenz von 1 %, einer Sensitivität von 98 % und einer Spezifität von 96 % erhält man:

$$P(K+ \mid T+) = \frac{0{,}98 \cdot 0{,}01}{0{,}98 \cdot 0{,}01 + (1-0{,}96) \cdot (1-0{,}01)} \approx 0{,}1984$$

Die Wahrscheinlichkeit, dass bei einem positiven Testergebnis tatsächlich eine Glutenunverträglichkeit vorliegt, beträgt nur ca. 19,84 %.

Bei einem diagnostischen Test muss man häufig stetige Merkmale dichotomisieren, um eine Differenzierung in ein positives und ein negatives Testergebnis vornehmen zu können. Dabei werden für verschiedene potenzielle **Schwellenwerte** (cuttoff) die Sensitivität und die Spezifität des Tests ermittelt, und zwar mit dem Ziel, die Wahrscheinlichkeit für mögliche Fehlentscheidungen (falsch positive und falsch negative Ergebnisse) zu minimieren.

Zu diesem Zweck wird eine **ROC** (receiver operating characteristic)-Analyse durchgeführt. Für verschiedene potenzielle Schwellwerte werden die Wertepaare aus Sensitivität und 1-Spezifität grafisch in einem Koordinatensystem dargestellt und die Punkte schließlich zu einer ROC-Kurve verbunden (s. Abb. 2.4). Die Fläche unter der ROC-Kurve (AUC) kann zwischen 0,5 (zufälliges Ergebnis) und 1 (perfektes Ergebnis) liegen. Je näher der Wert bei 1 liegt, desto größer ist die Trennschärfe des diagnostischen Tests.

Den optimalen Schwellenwert erhält man grafisch durch Parallelverschiebung der Winkelhalbierenden, bis diese die ROC-Kurve als Tangente schneidet; oder durch Maximierung des sog. **Youden-Index (Youdens J) : J = Sensitivität + Spezifität -1**. Es ist zu berücksichtigen, dass bei bestimmten diagnostischen Tests das Erkennen aller Kranken wichtiger ist als eine fälschlich hohe Anzahl falsch positiver Befunde. Hier würde man in Anpassung an die jeweilige Fragestellung einen Schwellenwert wählen, der eine hohe Sensitivität besitzt, auch wenn die Spezifität dadurch stark vermindert wird.

Beispielaufgabe zur ROC-Analyse:

Es soll ein diagnostischer Test für die Diagnose der Herzinsuffizienz entwickelt werden. Der Test basiert auf der Bestimmung des kardialen Markers BNP („brain natriuretic peptide"; „B-type natriuretic peptide") im Blut.

In einer Studie wurden bei 10 000 Probanden (6 000 krank; 4 000 gesund) die BNP-Konzentrationen im Blut bestimmt. Je höher die BNP-Konzentration ist, desto wahrscheinlicher ist die Diagnose Herzinsuffizienz.

Es soll ein Schwellenwert für die BNP-Konzentration ermittelt werden, um Patienten als krank oder gesund einzustufen. Dazu wurden die Messergebnisse in vier Klassen eingeteilt (s. Tab. 2.4).

Tabelle 2.4: BNP-Konzentration der Probanden nach Klassen

BNP [ng/ml]	Herzinsuffizienz	gesund
≤ 50	180	2 480
> 50	420	560
> 100	300	280
>150	5 100	680
$\sum$	6 000	4 000

Tabelle 2.5: Sensitivität und Spezifität für verschiedene Schwellenwerte

Schwellenwert	Sensitivität	Spezifität	Youdens J
50	97 %	62 %	0,59
100	90 %	76 %	0,66
150	85 %	83 %	0,68

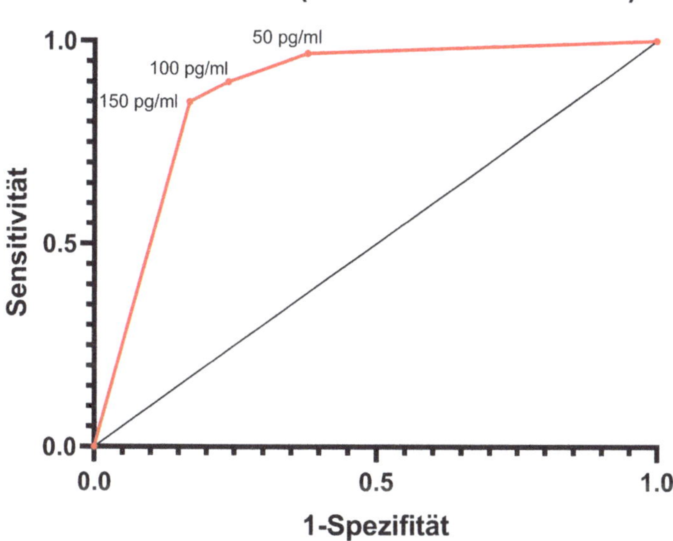

Abbildung 2.4: ROC-Kurve mit drei verschiedenen Schwellenwerten

Schwellenwert 50 pg/ml:

Sensitivität = (420 + 300 + 5100)/6000 = 0,97

Spezifität = 2480/4000 = 0,62

Schwellenwert 100 pg/ml:

Sensitivität = (300 + 5100)/6000 = 0,9

Spezifität = (2480 + 560)/ 4000 = 0,76

Schwellenwert 150 pg/ml:

Sensitivität = 5100/6000 = 0,85

Spezifität = (2480 + 560 + 280)/4000 = 0,83

Mit Hilfe des Youden-Index ergibt sich ein optimaler Schwellenwert von 150 pg/ml, da in diesem Fall die Wahrscheinlichkeit für Fehlentscheidungen (falsch positive und falsch negative Ergebnisse) minimal ist.

2.5 Test-Gütekriterien

Die Beurteilungskriterien für die Güte einer Datenerhebung sind die Objektivität (Vergleichbarkeit), die Reliabilität (Zuverlässigkeit) und die Validität (Gültigkeit). Die Quantifizierung dieser Gütekriterien ist eine wichtige Maßnahme der Qualitätssicherung, basierend auf der Bestimmung von Korrelationskoeffizienten. Es ist eine Hierarchie der Gütekriterien zu berücksichtigen, da die Objektivität die Voraussetzung für die Reliabilität ist und bei der Validität die Reliabilität vorausgesetzt ist.

Die **Objektivität** einer Datenerhebung, als Maß für die Unabhängigkeit der Ergebnisse von den Untersuchern, lässt sich durch Bestimmung der Intraklassenkorrelation oder mit dem Konkordanzkoeffizienten (Kendall's W) bei der Bestimmung der Interrater-Reliabilität (Beurteilerübereinstimmung) zusammen mit der Reliabilität erfassen. Es soll geprüft werden, ob die Datenerhebung, unabhängig von den Untersuchern, hinsichtlich der Durchführung, der Auswertung und der Interpretation vergleichbare Ergebnisse liefert.

Zur Realisierung des Gütekriteriums der Objektivität sind standardisierte Datenerhebungsbedingungen und automatisierte Auswertungen anzustreben.

Die **Reliabilität** ist ein Maß für die Reproduzierbarkeit der Datenerhebung. Eine häufige Methode zur Erfassung dieses Gütekriteriums ist die Test-Retest-Methode, bei der durch wiederholte Messung des Gleichen, bspw. in Form von Doppelbestimmungen, die Messgenauigkeit als Korrelationskoeffizient der Messergebnisse erfasst wird. Eine weitere Methode ist die Bestimmung der Konkordanz bei der Interrater-Reliabilität.

Die **Validität** ist ein Maß für die Gültigkeit einer Messung. Es soll mit einer Korrelationsanalyse erfasst werden, ob durch die Datenerhebung das gemessen wird, was gemessen werden soll. Bei der Beurteilung von Studien ist die Differenzierung zwischen einer **internen Validität** und einer **externen Validität** bedeutsam. Die interne Validität ist ein Maß für die unabhängig von Störgrößen nachweisbare signifikante Vorhersagekraft des Prädiktors (unabhängige Variable) für das Kriterium (abhängige Variable), während die externe Validität die Generalisierung von Stichprobenergebnissen erfasst. Es wird also bei der externen Validität geprüft, ob die Datenerhebung einer kleineren Stichprobe repräsentativ ist. Eine hohe Korrelation der neuen Datenerhebung mit den Ergebnissen eines bereits validierten Testverfahrens spricht für eine hohe externe Validität. Bei der Bestimmung der prognostischen bzw. prädiktiven Validität wird das Kriterium in der Zukunft erhoben, sodass die Prognoseleistung einer Datenerhebung geprüft wird. Es kann bspw. geprüft werden, wie die Ergebnisse eines Einstellungstests (IQ-Test etc.) mit dem Berufserfolg korrelieren. Die Konstruktvalidität ist eine Maß der Übereinstimmung zwischen einem nicht direkt messbaren theoretischen Konzept (bspw. Intelligenz, Gewissenhaftigkeit oder Neurotizismus) und einer Messung. Man unterscheidet in diesem Fall zwischen einer hohen konvergenten Validität, wenn man eine hohe Korrelation des neuen Testverfahrens mit einem bereits validierten Testverfahren bei der Messung des gleichen Konstrukts feststellt, und einer diskriminanten Validität, wenn man mit dem neuen Testverfahren eine niedrige Korrelation für die Messung verschiedener Konstrukte erhält.

Kapitel 3

Induktive Statistik (Schätzen, Testen)

Nach der Bearbeitung dieser Lektion werden Sie wissen, ...

- wie der prinzipielle Ablauf eines statistischen Tests ist;
- wie der p-Wert definiert ist;
- welche Fehler bei einer Testentscheidung gemacht werden können;
- wie ein Konfidenzintervall interpretiert wird;
- welche statistischen Tests bei einer bestimmten Fragestellung geeignet sind.

Aus der Praxis:

In einer Studie soll an 100 Medizinstudenten geprüft werden, ob es Unterschiede zwischen den Ergebnissen eines Eignungstests vor und nach einem Gedächtnistraining gibt.

Welcher statistische Test sollte für die Auswertung verwendet werden?

[A] Chi-Quadrat-Test

[B] Varianzanalyse (ANOVA)

[C] t-Test für verbundene Stichproben

[D] t-Test für unverbundene Stichproben

[E] U-Test

3.1 Grundlagen (p-Wert, Fehler, Power)

Statistik hat das wesentliche Ziel, empirische Ergebnisse mit theoretischen Generalisierungen zu verbinden. Die quantitative Analyse von Daten aus einer gegebenen Stichprobe wird deskriptive Statistik genannt, während der Schluss von einem Stichprobenergebnis auf die Grundgesamtheit durch die induktive Statistik erfolgt. Für diese induktive Statistik stehen verschiedene Tests zur Verfügung, die allerdings nur beim Vorliegen bestimmter Voraussetzungen anwendbar sind.

Parametrische Tests setzen näherungsweise **normalverteilte Daten** voraus. Sofern keine Normalverteilung nachweisbar ist oder für den Fall unbekannter Verteilungen, kommen sog. **nichtparametrische Tests** zum Einsatz, die universell, also auch bei normalverteilten Daten, anwendbar sind (s. Abb. 3.1).

Mit einem statistischen Test soll mit den Methoden der Wahrscheinlichkeitsrechnung eine Entscheidung zwischen zwei alternativen **Hypothesen** getroffen werden. Die Hypothese bezieht sich dabei immer auf die Eigenschaften der Grundgesamtheit.

Da von einer Stichprobe auf die Grundgesamtheit geschlossen wird, ist der statistische Test vom Prinzip her konservativ. Man will erst durch ein extremes Stichprobenergebnis die sog. Nullhypothese H_0, verwerfen, um sich dann für die Alternativhypothese H_1 zu entscheiden.

Der sog. **p-Wert** gibt, unter Annahme der Nullhypothese, die Wahrscheinlichkeit an, ein entsprechendes Testergebnis wie das vorhandene – oder ein noch extremeres – Testergebnis zu erhalten. Ist diese Wahrscheinlichkeit gering, wobei meist eine obere Grenze als sog. **Signifikanzniveau** von 5 % festgelegt wird, so entscheidet man sich für die Gegenhypothese, allerdings unter Beachtung einer Irrtumswahrscheinlichkeit für eine solche Entscheidung in Höhe des p-Wertes. Dieser Fehler bei der Entscheidung gegen H_0 wird als **α-Fehler** oder Fehler 1. Art bezeichnet. Er ist also die Wahrscheinlichkeit

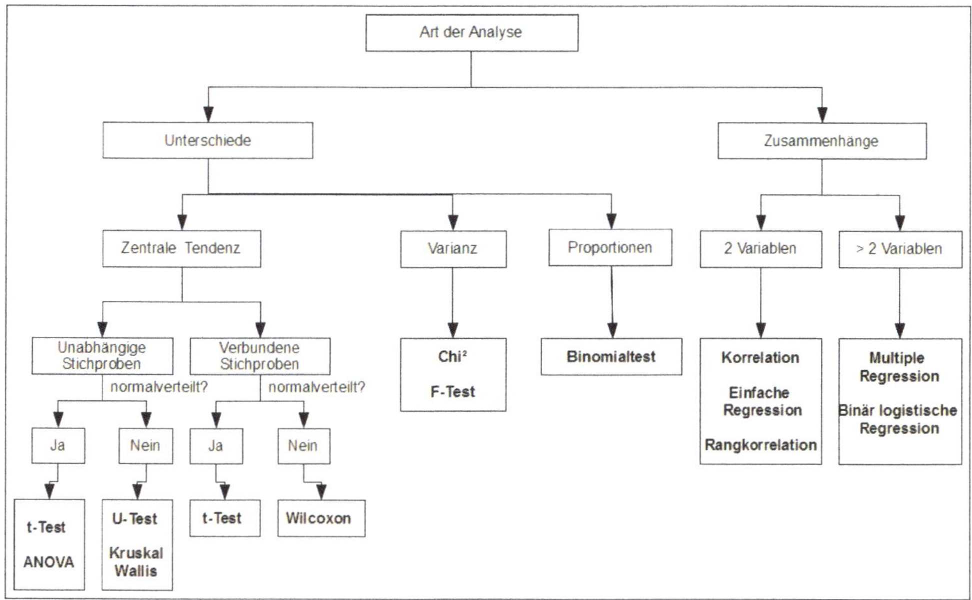

Abbildung 3.1: Parametrische und nichtparametrische Tests (Auswahl)

dafür, aufgrund des Stichprobenergebnisses die Nullhypothese zu verwerfen, obwohl sie eigentlich wahr ist. Die Nullhypothese wird also mit dieser Wahrscheinlichkeit zu Unrecht verworfen (s. Abb. 3.2).

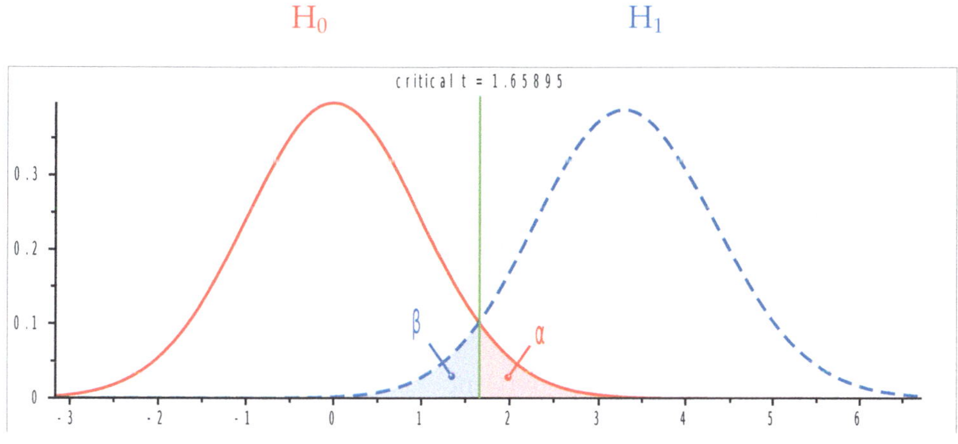

Abbildung 3.2: α-Fehler und β-Fehler bei einem statistischen Test

Auch bei der Annahme der Nullhypothese können Fehlentscheidungen vorkommen. Man spricht dann von einem **β-Fehler** oder einem Fehler 2. Art.

Dieser β-Fehler gibt also die Wahrscheinlichkeit an, dass eine Fehlentscheidung vorliegt, wenn man die Nullhypothese beibehält. Der β-Fehler wird unter der Annahme der Gegenhypothese für die Grundgesamtheit berechnet.

Tabelle 3.1: Entscheidungen bei einem statistischen Test

	H_0 ist richtig	H_1 ist richtig
H_0 annehmen	Richtige Entscheidung	β-Fehler 2. Art
H_1 annehmen	α- Fehler 1. Art	Richtige Entscheidung (Power = 1-β)

3.2 Konfidenzintervalle

Die Bestimmung von Konfidenzintervallen ist neben der Ermittlung von p-Werten eine Methode der Inferenzstatistik, um **signifikante Effekte** nachzuweisen. Unter einem Konfidenzintervall versteht man einen mithilfe von Stichprobenparametern konstruierten Bereich, der den wahren aber unbekannten Populationsparameter mit einer bestimmten Wahrscheinlichkeit überdeckt.

In die Berechnung gehen der aus der Stichprobe geschätzte Parameter, bspw. das arithmetische Mittel, die Streuung und der Stichprobenumfang ein. Je größer die Streuung und je kleiner der Stichprobenumfang ist, desto größer ist die Unsicherheit über den wahren Wert des Parameters, sodass das Konfidenzintervall größer wird. Wenn das Konfidenzniveau verkleinert wird, so verkleinert sich auch das Konfidenzintervall, da der wahre Populationsparameter mit einer geringeren Mindestwahrscheinlichkeit überdeckt werden soll.

Ein 95 %-Konfidenzintervall für den unbekannten Mittelwert der Grundgesamtheit errechnet sich bei Normalapproximation mit folgender Formel:

$$KI_{0,95} = \overline{x} \pm 1,96 \cdot \frac{s}{\sqrt{n}}$$

$\overline{x}$: arithmetisches Mittel der Stichprobe

s: Standardabweichung der Stichproben

n: Stichprobenumfang

$\frac{s}{\sqrt{n}}$: Standardfehler (sem)

Der **Standardfehler (sem)** ist die Standardabweichung des Mittelwerts und gibt die Genauigkeit des Mittelwertes der Stichprobe als Schätzwert für den Erwartungswert der Grundgesamtheit an (aus $n \to \infty$ folgt sem = 0 bzw. s = σ).

Bei unbekannter Varianz der Grundgesamtheit basiert die exakte Bestimmung des Konfidenzintervalls auf der t-Verteilung. Bei ausreichend großem Stichprobenumfang erfolgt unter Berücksichtigung des zentralen Grenzwertsatzes (s. Kapitel 3.3.1 ab Seite 44) die Bestimmung des Konfidenzintervalls mithilfe der Normalapproximation.

Konfidenzintervalle sind geeignet, um signifikante Effekte bei einem statistischen Test nachzuweisen. Bei einem Signifikanzniveau von 5 % kann eine Nullhypothese genau dann nicht verworfen werden, wenn das Konfidenzintervall bei Differenzen, bspw. Mittelwertdifferenzen, den „Null-Wert" und bei Quotienten, bspw. Odds Ratios, die „Eins" enthält.

Beispielaufgabe:

In einer Querschnittsstudie wurde in einer Stichprobe normalgewichtiger Frauen (n=130) ein Energieumsatz von 8,1 ± 1,24 MJ (Mittelwert ± Standardabweichung in Mega-Joule) gemessen.

Berechnen Sie mit der Normalapproximation für diese Gruppe das 95 %-Konfidenzintervall für den mittleren Energieverbrauch in MJ.

Lösung:

$$KI_{0,95} = 8,1 \pm 1,96 \cdot \frac{1,24}{\sqrt{130}} = [7,9; 8,3]$$

Der Populationsparameter des durchschnittlichen Energieumsatzes normalgewichtiger Frauen wird mit mindestens 95 %-iger Sicherheit durch das Intervall [7,9 MJ ; 8,3 MJ] überdeckt.

3.3 Parametrische Tests

3.3.1 Zentraler Grenzwertsatz

Der zentrale Grenzwertsatz besagt, dass die Verteilung der Mittelwerte von n unabhängigen identisch verteilten Zufallsvariablen mit dem gleichen Erwartungswert gegen die Normalverteilung konvergiert.

Dieses „Gesetz der großen Zahl" ist bezüglich der Inferenzstatistik von Bedeutung, da parametrische Tests die Normalverteilung voraussetzen, sodass unabhängig von der Verteilung der Zufallsvariablen ab einem Stichprobenumfang von **n = 30** die geforderte Voraussetzung als gegeben gewertet werden kann. Vorsichtige Statistiker bewerten allerdings erst einen Stichprobenumfang von $n \geq 100$ als ausreichend.

3.3.2 Zweistichproben-t-Test

Prinzip:

Der t-Test für **unabhängige Stichproben** überprüft anhand der Mittelwerte zweier Stichproben, ob diese Stichproben der gleichen Grundgesamtheit entstammen.

Voraussetzungen:

Es wird eine **Normalverteilung** des Merkmals in der Grundgesamtheit vorausgesetzt. Die abhängige Variable muss metrisch und mindestens **intervallskaliert** sein. Es wird eine **Varianzhomogenität** der Stichproben vorausgesetzt, sodass bei einer Inhomogenität der Varianzen ein modifizierter t-Test, der sog. Welch-Test, angewendet werden muss.

Hypothesen:

H_0: $\mu_1 = \mu_2$

H_1: $\mu_1 \neq \mu_2$

Berechnung der Teststatistik:

Die Verteilung der Teststatistik folgt der theoretischen **t-Verteilung**, die vergleichbar mit der Normalverteilung ist, wobei die Wahrscheinlichkeiten für Realisierungen in der Nähe des Mittelwertes geringer sind bei höherer Wahrscheinlichkeit für Ergebnisse, die stärker vom Mittelwert abweichen. Die Form der t-Verteilung ist von den Freiheitsgraden abhängig und geht für sehr große Stichprobenumfänge in die Normalverteilung über.

Die Teststatistik berechnet sich wie folgt:

$$t = \frac{X1 - X2}{Standardfehler\,der\,Mittelwertdifferenz}; df = n_1 + n_2 - 2$$

$X1, X2$: arithmetische Mittelwerte der Variablen x_1 und x_2

n_1, n_2: Stichprobenumfänge der beiden Gruppen

df: Freiheitsgrade

Da die Varianzen der Grundgesamtheiten meist unbekannt sind, wird der Standardfehler der Mittelwertdifferenzen aus den Standardabweichungen der Stichproben geschätzt.

Die Teststatistik errechnet sich daher wie folgt:

$$t = \frac{X1 - X2}{\sqrt{\frac{n_1+n_2}{n_1 \cdot n_2}} \cdot \sqrt{\frac{(n_1-1) \cdot s_1^2 + (n_2-1) \cdot s_2^2}{n_1+n_2-2}}}$$

s_1^2, s_2^2: Stichprobenvarianzen der Variablen $x1$ und $x2$

Effektstärke:

Der Nachweis eines signifikanten Mittelwertunterschiedes ist nur eine qualitative Aussage. Um die praktische Relevanz signifikanter Mittelwertunterschiede zu quantifizieren, wird die Effektstärke mit **Cohen's d** berechnet:

$$d = \frac{X1 - X2}{gepoolte\,Standardabweichung} = \frac{X1 - X2}{\sqrt{\frac{(n_1-1) \cdot s_1^2 + (n_2-1) \cdot s_2^2}{n_1+n_2-2}}}$$

Für die Interpretation der Effektstärke gibt es folgende Faustregeln, die allerdings im Sachkontext modifiziert werden können:

$d > 0,2 \rightarrow$ kleiner Effekt

$d > 0,5 \rightarrow$ mittlerer Effekt

$d > 0,8 \rightarrow$ starker Effekt

Beispielaufgabe:

In einer repräsentativen Stichprobe wurden die Jahresgehälter von Männern und Frauen verglichen. Die Ergebnisse der deskriptiven Statistik sind in der folgenden Tabelle zusammengefasst:

Tabelle 3.2: Deskriptive Statistik zum Jahresgehalt (in Tsd)

Geschlecht	N	Mittelwert	s	sem
weiblich	309	66,87	12,59	0,72
männlich	390	75,49	12,32	0,62

s: Standardabweichung; sem: Standardabweichung des Mittelwertes

Es soll bei einem Signifikanzniveau von 5 % geprüft werden, ob sich die Jahresgehälter von Männern und Frauen signifikant unterscheiden.

Teststatistik:

$$t = \frac{66,868 - 75,491}{\sqrt{\frac{309+390}{309 \cdot 390}} \cdot \sqrt{\frac{308 \cdot 12,5992^2 + 389 \cdot 12,3212^2}{697}}} = -9,098$$

$df = 697$

Effektstärke:

$d = \mid -8,623 \mid / 12,445 = 0,67$

Entscheidung:

Der kritische Wert beträgt $t_{tab} = 1,96$ bei $df = 697$ und $\alpha = 0,05$. Da der Betrag der Teststatistik größer ist als der kritische Wert, wird die Nullhypothese verworfen. Man kann also davon ausgehen, dass sich die Jahresgehälter geschlechtsspezifisch signifikant unterscheiden. Die Effektstärke nach Cohen liegt bei $d = 0,69$ und entspricht somit einem mittleren Effekt.

3.3.3 t-Test für verbundene Stichproben

Prinzip:

Der t-Test für verbundene Stichproben prüft, ob die Mittelwerte zweier abhängiger Stichproben verschieden sind. Abhängige Stichproben liegen vor, wenn der Messwert der ersten Stichprobe den Messwert der zweiten Stichprobe beeinflusst. Dabei sind drei Fälle zu unterscheiden:

Messwiederholungen: An der gleichen Untersuchungseinheit wird zu verschiedenen Zeiten ein Messwert erhoben.

Natürliche Paare: Die Messwerte sind natürlich voneinander abhängig, da sie bspw. bei Familienangehörigen erhoben werden.

Matching: Die Messungen der beiden Stichprobe werden an unterschiedlichen Untersuchungsobjekten durchgeführt, wobei diese allerdings durch eine statistisch nicht untersuchte Drittvariable zu Paaren zusammengefasst werden können.

Voraussetzungen:

Die Unterschiede der abhängigen Messwerte müssen in der Grundgesamtheit **normalverteilt** sein. Die abhängige Variable muss metrisches, mindestens **intervallskaliertes** Skalenniveau besitzen. Die durch Messwiederholungen, natürliche Abhängigkeit und Matching entstandenen Messwertpaare müssen von anderen Messwertpaaren unabhängig sein.

Hypothesen (zweiseitige Fragestellung):

H_0: $\mu_x - \mu_y = 0$

H_1: $\mu_x - \mu_y \neq 0$

Berechnung der Teststatistik:

$t = \frac{d}{s_d} \cdot \sqrt{n}$; kritischer Wert $t_{n-1;1-\alpha/2}$

mit $d_i = x_i - y_i; d = \frac{1}{n} \cdot \sum_{i=1}^{n} d_i$

und $s_d = \sqrt{\frac{1}{n-1} \cdot \sum_{i=1}^{n}(d_i - d)^2}$

Effektstärke (s. t-Test für unabhängige Stichproben):

Cohen = $\frac{d}{s_d}$

Beispielaufgabe:

In einer Studien mit 20 Glaukompatienten und 20 gesunden Probanden wurde der Einfluss straff gebundener Krawatten auf den intraokulären Druck (IOP) ermittelt. Dabei wurde bei beiden Gruppen der IOP vor und nach dem Binden der Krawatte erfasst (Br J Opthalmol 2003; 87: 946-8). Die Ergebnisse für die gesunden Probanden sind in nachfolgender Tabelle zusammengefasst:

Tabelle 3.3: Deskriptive Statistik zum IOP vor und nach dem Binden der Krawatte

Abhängige Variable	Gesunde Probanden (n = 20)
IOP vor dem Binden (arithmetischer Mittelwert ± Standardabweichung)	15,3 ± 2,6
IOP nach dem Binden (arithmetischer Mittelwert ± Standardabweichung)	17,9 ± 3,9
IOP-Differenz (arithmetischer Mittelwert ± Standardabweichung)	2,6 ± 3,9

Prüfen Sie bei einem Signifikanzniveau von 5 % mit einem t-Test für abhängige Stichproben, ob straff gebundene Krawatten den IOP vergrößern (einseitige Fragestellung). Eine Normalverteilung der abhängigen Variablen kann vorausgesetzt werden.

Lösung

Teststatistik:

$t = \frac{2,6}{3,9} \cdot \sqrt{20} = 2,98$

Effektstärke:

$d = \frac{2,6}{3,9} = 0,67$

Entscheidung:

Da eine einseitige Fragestellung vorliegt, werden folgende Hypothesen geprüft:

H_0: $\mu_x \geq \mu_y$

H_1: $\mu_x < \mu_y$

Der kritische Wert beträgt $t_{19;0,95} = 1,729$ bei $df = 19$ und $\alpha = 0,05$. Da der errechnete Wert der Teststatistik ($t = 2,98$) größer ist als der kritische Wert, wird die Nullhypothese verworfen. Man kann also davon ausgehen, dass der IOP durch straff gebundene Krawatten signifikant erhöht ist. Die Effektstärke nach Cohen liegt bei $d = 0,67$ und entspricht somit einem mittleren Effekt.

3.3.4 Einfaktorielle ANOVA (Analysis Of Variance)

Prinzip:

Die einfaktorielle Varianzanalyse prüft, ob sich die Mittelwerte mehrerer unabhängiger Gruppen signifikant voneinander unterscheiden. Sie kann als Erweiterung des t-Tests für unabhängige Stichproben aufgefasst werden, wenn **mehr als 2 Gruppen** miteinander verglichen werden.

Die unabhängige Variable wird auch als **„Faktor"** bezeichnet und muss **kategorial** skaliert sein. Die Merkmalsausprägungen des Faktors werden auch „Faktorstufen" genannt.

Bei der ANOVA wird die Gesamtvarianz der abhängigen Variablen in die Varianz innerhalb der Gruppen und die Varianz zwischen den Gruppen zerlegt. Die beiden Varianzen werden nachfolgend ins Verhältnis gesetzt, wobei eine starke Varianz zwischen den Gruppen bei gleichzeitig geringer Varianz innerhalb der Gruppen auf signifikante Unterscheide der Gruppenmittelwerte hinweist.

Voraussetzungen:

Die abhängige Variable muss mindestens **intervallskaliert** und innerhalb jeder Gruppe **normalverteilt** sein, wobei ab einer Gruppengröße über 30 eine Normalverteilung vorausgesetzt werden kann. Die Gruppen müssen voneinander unabhängig sein und aus Grundgesamtheiten mit annähernd identischer Varianz der abhängigen Variablen entstammen. Die unabhängige Variable – bzw. der Faktor – muss kategorial (ordinal oder nominal) skaliert sein.

Hypothesen:

H_0: $\mu_1 = \mu_2 = \mu_3 = \ldots .. = \mu_k$

H_1: Mindestens zwei Gruppenmittelwerte unterscheiden sich signifikant voneinander.

Berechnung der Teststatistik:

Das Prinzip der Berechnung der Teststatistik einer Varianzanalyse ist eine **Zerlegung der Gesamtstreuung** der Stichprobe in eine durch die Gruppenzugehörigkeit bestimmte Streuung und einen zusätzlichen Fehlerwert, der sich als individuelle Abweichung der einzelnen Messwerte vom Gruppenmittelwert ergibt. Dieser Fehlerwert erfasst also die Variabilität der einzelnen Messwerte der Gesamtstichprobe unabhängig vom Effekt der Gruppenzugehörigkeit (s. Tab. 3.4).

Gesamtstreuung:

Die Gesamtstreuung (SAQ_G) wird als quadratische Abweichung der Stichprobenmesswerte vom Gesamtmittelwert quantifiziert.

$$SAQ_G = \sum_{j=1}^{J} \sum_{i=1}^{n_j} (x_{ij} - \overline{x}_G)^2$$

j: Laufindex der Gruppen von 1 bis J

i: Laufindex der Messwerte innerhalb der Gruppen von 1 bis n_j

n_j: Anzahl der Messwerte der Gruppe J

x_{ij}: Messwerte der Stichprobe

$\overline{x}_G$: Mittelwert der gesamten Stichprobe

Der Anteil der Gesamtstreuung der Messwerte, welcher durch die Gruppenzugehörigkeit erklärt werden kann, wird durch die gewichtete quadratische Abweichung der Gruppenmittelwerte vom Gesamtmittelwert quantifiziert (Quadratsumme zwischen den Gruppen).

$$SAQ_Z = \sum_{j=1}^{J} n_j \cdot (\overline{x}_j - \overline{x}_G)^2$$

$\overline{x}_j$: Mittelwert der Gruppe J

Die Streuung innerhalb der Gruppen errechnet sich als mittlere quadratische Abweichung der Gruppenmesswerte vom Gruppenmittelwert (Quadratsumme innerhalb der Gruppen).

$$SAQ_I = \sum_{j=1}^{J}\sum_{i=1}^{n_j}(x_{ij} - \overline{x}_j)^2$$

Für die obigen drei Summen gilt folgende Beziehung:

$$SAQ_G = SAQ_Z + SAQ_I$$

Je stärker die Variabilität der Stichprobenmesswerte durch die Gruppenzugehörigkeit (SAQ_Z) erklärt wird, desto wahrscheinlicher ist der Nachweis signifikanter Unterschiede zwischen den Gruppenmittelwerten.

Zur Berechnung der Prüfgröße F werden die mittleren Quadratsummen bestimmt, indem man die Quadratsummen SAQ_Z und SAQ_I durch die Freiheitsgrade dividiert. Die Teststatistik ergibt sich als Quotient der mittleren Quadratsumme zwischen den Gruppen und der mittleren Quadratsumme innerhalb der Gruppen (s. nachfolgende Tabelle 3.4).

Tabelle 3.4: Teststatistik und kritischer Wert für eine einfaktorielle ANOVA

Varianz	SAQ	df	MQ	F	F_{crit}
Faktor	SAQ_Z	J - 1	$MQ_Z = \frac{SAQ_Z}{J-1}$	$F = \frac{MQ_Z}{MQ_I}$	$F_{1-\alpha;J-1;N-J}$
Fehler	SAQ_I	N - J	$MQ_I = \frac{SAQ_I}{N-J}$		
Gesamt	SAQ_G	N - 1	$MQ_G = \frac{SAQ_G}{N-1}$		

Je stärker der Anteil der Varianz ist, der durch die Gruppenzugehörigkeit erklärt wird, desto größer ist F. Der berechnete F-Wert wird mit dem kritischen Wert für eine durch die Freiheitsgrade bestimmte F-Verteilung verglichen. Falls F größer ist als der kritische Wert, wird die Nullhypothese verworfen. Man kann dann bei dem gewählten Signifikanzniveau davon ausgehen, dass sich mindestens zwei der Gruppenmittelwerte signifikant voneinander unterscheiden.

Effektstärke:

Die Effektstärke wird durch das partielle Eta-Quadrat quantifiziert.

$$\eta_p^2 = \frac{SAQ_Z}{SAQ_Z + SAQ_I}$$

Diese Effektgröße gibt an, welcher Anteil der Gesamtvarianz durch den Faktor erklärt wird.

Die Grenzen für die Größe des Effekts liegen bei:

$\eta_p^2 > 0,01 \rightarrow$ kleiner Effekt

$\eta_p^2 > 0,06 \rightarrow$ mittlerer Effekt

$\eta_p^2 > 0,14 \rightarrow$ starker Effekt

1. Beispielaufgabe:

Um den Einfluss von verschiedenen Milieubedingungen auf die Ergebnisse eines IQ-Tests zu überprüfen, wurden 3 Gruppen mit 10 Probanden gebildet. Eine Gruppe war bei der Testung einer ständigen Lärmbelastung und eine zweite Gruppe einer erhöhten Raumtemperatur von 24 °C ausgesetzt. Bei einer dritten Gruppe (Kontrolle) wurde die Testung unter üblichen Bedingungen in einem Seminarraum durchgeführt. Die Ergebnisse dieser Untersuchung sind in der nachfolgenden Tabelle dargestellt.

Tabelle 3.5: Messung von IQ-Werten und verschiedenen äußeren Bedingungen

	Kontrolle	Lärm	Temperatur
IQ-Pkte	102	111	101
	98	101	106
	114	94	111
	104	98	86
	109	103	94
	99	108	92
	105	88	98
	107	92	109
	103	95	105
	100	100	97
$\overline{x}_j$	104,1	99	99,9
$\sum_{i=1}^{n_j}(x_{ij} - \overline{x}_j)^2$	216,9	458	572,9
$\overline{x}_G$	101		

Es soll mit einer einfaktoriellen Varianzanalyse untersucht werden, ob die IQ-Mittelwerte der drei Gruppen signifikant unterschiedlich sind. Es wird dabei ein Signifikanzniveau von 5 % berücksichtigt. Ferner kann von normalverteilten Werten und einer Varianzhomogenität ausgegangen werden.

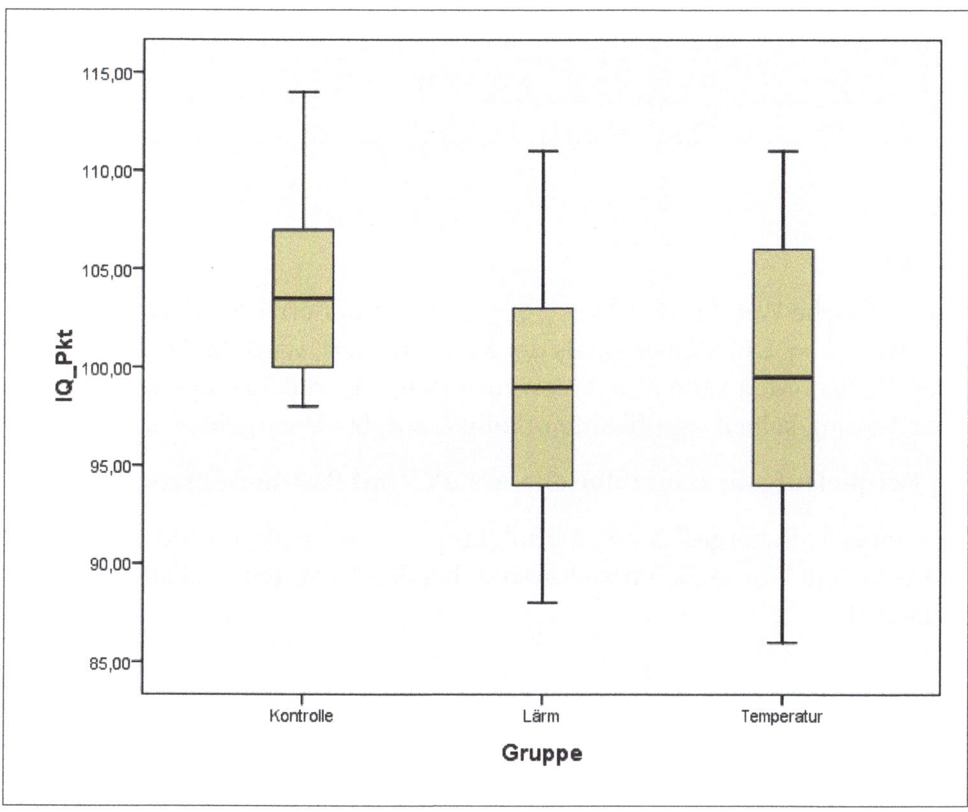

Abbildung 3.3: Box-Plots zur deskriptive Statistik der IQ-Punkte bei der Testung unter verschiedenen äußeren Bedingungen

Lösung

Teststatistik:

$SAQ_I = 216,9 + 458 + 572,9 = 1247,8$

$MQ_I = \frac{1247,8}{30-3} = 46,215$

$SAQ_Z = 10 \cdot [(104,1 - 101)^2 + (99 - 101)^2 + (99,9 - 101)^2] = 148,2$

$MQ_Z = \frac{148,2}{3-1} = 74,1$

$F = \frac{MQ_Z}{MQ_I} = \frac{74,1}{46,215} = 1,6$

Kritischer Wert: $F_{0,95,2,27} = 3,35$

Tabelle 3.6: Zusammenfassung der Ergebnisse der Teststatistik

Varianz	SAQ	df	MQ	F	F_{crit}
Faktor	148,2	2	$MQ_Z = 74{,}1$	F = 1,6	$F_{0,95,2,27} = 3{,}35$
Fehler	1247,8	27	$MQ_I = 46{,}215$		
Gesamt	1396	29			

Testentscheidung:

Der kritische Wert beträgt $F_{0,95,2,27} = 3,35$. Da der errechnete Wert der Teststatistik ($F = 1,6$) kleiner ist als der kritische Wert, wird die Nullhypothese beibehalten. Man kann also davon ausgehen, dass die äußeren Bedingungen der Testung keinen signifikanten Einfluss auf das Testergebnis haben.

2. Beispielaufgabe (einfaktorielle ANOVA mit Post-hoc-Tests):

Bei einer kathetergestützten Mitralklappenrekonstruktion mit dem Mitra-Clip-System wurde die Prozedurdauer bei drei Interventionalisten erfasst (s. Tab. 3.7).

Tabelle 3.7: Prozedurdauer der Mitralklappenrekonstruktion bei drei Interventionalisten

Interventionalist	N	Mittelwert [min]	Standardabweichung
Dr. Best	62	82,6	35,04
Dr. Middeldorf	69	97	34,12
Dr. Lahm	29	101,9	29,85
Gesamt	160	92,32	34,49

Mit der einfaktoriellen Varianzanalyse soll bei einem Signifikanzniveau von 5 % geprüft werden, ob es signifikante Unterschiede der mittleren Prozedurdauer bei den drei Ärzten („Faktorstufen") gibt. Nachfolgend soll mit geeigneten Post-hoc-Tests nachgewiesen werden, zwischen welchen Interventionalisten signifikante Unterschiede bei der Prozedurdauer nachweisbar sind. Die Normalverteilung der Messwerte und eine Varianzhomogenität können vorausgesetzt werden.

Lösung

Teststatistik:

Die Ergebnisse der Teststatistik sind in nachfolgender Tabelle zusammengefasst.

Tabelle 3.8: Zusammenfassung der Ergebnisse der Teststatistik

Varianz	SAQ	df	MQ	F	F_{crit}
Faktor	10051,2	2	MQ_Z = 5025,596	F = 4,407	$F_{0,95,\,2,\,157} = 3{,}06$
Fehler	179035,5	157	MQ_I = 1140,354		
Gesamt	189086,7	159			

Testentscheidung:

Der kritische Wert beträgt $F_{0,95,2,27} = 3,06$. Da der errechnete Wert der Teststatistik ($F = 4,407$) größer ist als der kritische Wert, wird die Nullhypothese verworfen. Man kann also davon ausgehen, dass zwischen mindestens zwei Interventionalisten signifikante Unterschiede der Prozedurdauer nachweisbar sind.

Bei einem signifikanten Globaltest wird anschließend mit Post-hoc-Tests geprüft, zwischen welchen Faktorstufen (hier: Interventionalisten) signifikante Unterschiede hinsichtlich der Prozedurdauer vorliegen. Post-hoc-Tests basieren auf mehreren Vergleichen zweier Mittelwerte, entsprechend einem t-Test. Im gegeben Fall mit drei Faktorstufen handelt es sich also um drei Vergleiche dieser Art. Multiple t-Test dürfen allerdings nicht durchgeführt werden, da der α-Fehler mit der Anzahl der Vergleiche steigt. Im gegebenen Fall errechnet sich bei drei t-Tests ein α-Fehler von $1 - 0,95^3 = 0,1426$ (14,26 %).

Um dieses Problem der **„α-Fehler-Inflation"** bei multiplen t-Tests zu kompensieren, kann eine Bonferroni-Korrektur durchgeführt werden, indem der gewählte α-Fehler (hier 5 %) durch die Anzahl der Paarvergleiche dividiert wird (hier: 3 Paarvergleiche). Im gegebenen Fall errechnet sich dann ein α-Fehler von 0,017, sodass gegen dieses Signifikanzniveau zu prüfen ist.

Die Ergebnisse des Post-hoc-Tests sind in der nachfolgenden Tabelle wiedergegeben. Es ist zu berücksichtigen, dass die p-Werte bei dieser SPSS-Auswertung bereits nach Bonferroni korrigiert sind und somit auf dem 5 %-Niveau zu prüfen sind (falls $p < 0,05$ ist, liegen signifikante Unterschiede vor).

Tabelle 3.9: Ergebnisse des Post-hoc-Tests der einfaktoriellen ANOVA

	Best	Middeldorf	Lahm
Best	-	0,047*	0,036*
Middeldorf	0,047*	-	0,800
Lahm	0,036*	0,800	-

* p < 0,05 (signifikante Unterschiede)

Die Post-hoc-Tests konnten signifikante Unterschiede in der mittleren Prozedurdauer zwischen Dr. Best und Dr. Middeldorf sowie zwischen Dr. Best und Dr. Lahm aufzeigen. Die mittlere Prozedurdauer von Dr. Middeldorf und Dr. Lahm unterscheidet sich hingegen nicht signifikant.

3.3.5 Mehrfaktorielle ANOVA

Prinzip:

Eine mehrfaktorielle Varianzanalyse wird durchgeführt, wenn **mehrere kategoriale unabhängige Variablen (UVs)** vorliegen. Durch diese UVs lassen sich die Messwerte in Gruppen einteilen, für die ein Gruppenmittelwert bestimmt werden kann. Es soll geprüft werden, ob sich diese – durch die UVs definierten – Gruppenmittelwerte signifikant unterscheiden. Wie bei der einfaktoriellen ANOVA ist das Prinzip der Teststatistik die Zerlegung der Gesamtvarianz in die Varianz zwischen den Gruppen und eine Fehlervarianz. Zusätzlich wird die Varianz zwischen den Gruppen weiter differenziert in die durch den Faktor und die durch die Interaktion der Faktoren bestimmte Varianz. Bei der mehrfaktoriellen ANOVA werden **Haupteffekte** untersucht, die den Einfluss der einzelnen UVs auf die abhängige Variable beschreiben, sowie **Interaktionseffekte**, die den Einfluss des Zusammenwirkens der verschiedenen UVs auf die abhängige Variable kennzeichnen.

Voraussetzungen:

Die abhängige Variable muss mindestens **intervallskaliert** und innerhalb jeder Gruppe **normalverteilt** sein, wobei ab einer Gruppengröße über 30 eine Normalverteilung vorausgesetzt werden kann. Die durch die UVs definierten Gruppen müssen voneinander unabhängig sein und aus Grundgesamtheiten mit annähernd identischer Varianz der abhängigen Variablen entstammen. Die UVs bzw. die Faktoren müssen kategorial (ordinal oder nominal) skaliert sein.

Hypothesen (Fall: zweifaktorielle ANOVA):

H_0 für den Faktor A: $\mu_{1.} = \mu_{2.} = \mu_{3.} = \ldots = \mu_{j.}$ (für J Stufen des Faktors A)

H_0 für den Faktor B: $\mu_{.1} = \mu_{.2} = \mu_{.3} = \ldots = \mu_{.k}$ (für K Stufen des Faktors B)

H_0 für die Interaktion $A \times B$: $\mu_{jk} = \mu_{j.} + \mu_{.k} - \mu_{..}$

Teststatistik:

Zunächst werden für alle durch die Faktoren definierten Gruppen die Gruppen- bzw. Zellenmittelwerte berechnet. Zusätzlich berechnet man die Randmittelwerte. Die Ergebnisse sind allgemein in folgender Tabelle 3.10 für zwei Faktoren mit jeweils zwei Faktorstufen dargestellt.

Tabelle 3.10: Zellen- und Randmittelwerte für eine zweifaktorielle ANOVA mit jeweils zwei Faktorstufen

Faktor B			
Faktor A	B1	B2	
A1	$\bar{x}_{11}$	$\bar{x}_{12}$	$\bar{x}_{1.}$
A2	$\bar{x}_{21}$	$\bar{x}_{22}$	$\bar{x}_{2.}$
	$\bar{x}_{.1}$	$\bar{x}_{.2}$	$\bar{x}_{..}$

Es müssen bei dem gegebenen Fall einer zweifaktoriellen ANOVA drei Prüfgrößen berechnet werden. Zunächst werden die Faktoren gesondert hinsichtlich ihrer Wirkung auf die abhängige Variable untersucht. In diesem Fall spricht man von den Haupteffekten. Schließlich wird die Interaktion beider Faktoren im Hinblick auf die abhängige Variable untersucht.

Bei der Bestimmung der Teststatistik geht man wie bei der einfaktoriellen ANOVA vor, indem die Gesamtvarianz in die durch den Faktor bzw. die Interaktion bestimmte Varianz (mittlere Quadratsummen zwischen den Gruppen) und die Fehlervarianz (mittlere Quadratsummen innerhalb der Gruppen) zerlegt wird.

Haupteffekt A:

$$MQA_Z = \frac{\sum_{j=1}^{J} n_{j.} \cdot (\overline{x}_{j.} - \overline{x}_{..})^2}{J-1}$$

j: Laufindex der Gruppen von 1 bis J

$n_{j.}$: Anzahl der Messwerte der Stufe J

$\overline{x}_{j.}$: Randmittelwert der Stufe J

$\overline{x}_{..}$: Mittelwert der gesamten Stichprobe

$$MQ_I = \frac{\sum_{j=1}^{J} \sum_{k=1}^{K} \sum_{i=1}^{n_{jk}} (x_{ijk} - \overline{x}_{jk})^2}{N - J \cdot K}$$

k: Laufindex der Gruppen von 1 bis K

n_{jk}: Anzahl der Messwerte der Gruppe mit der Merkmalsausprägung J und K

$\overline{x}_{jk}$: Gruppenmittelwerte für die Gruppe mit der Merkmalsausprägung J und K

x_{ijk}: i-ter Messwert der Gruppe mit der Merkmalsausprägungen J und K

$$F_A = \frac{MQA_Z}{MQ_I}$$

Haupteffekt B:

$$MQB_Z = \frac{\sum_{k=1}^{K} n_{.k} \cdot (\overline{x}_{.k} - \overline{x}_{..})^2}{K-1}$$

k: Laufindex der Gruppen von 1 bis K

$n_{.k}$: Anzahl der Messwerte der Stufe K

$\overline{x}_{.k}$: Randmittelwert der Stufe K

$\overline{x}_{..}$: Mittelwert der gesamten Stichprobe

$$F_B = \frac{MQB_Z}{MQ_I}$$

Interaktionseffekte:

Die Interaktionseffekte geben die **Wirkung der Kombination bestimmter Faktorstufen** auf die abhängige Variable an, die über die Wirkung der Haupteffekte hinausgehen.

Der Effekt (sog. Zelleneffekt) zweier Stufen der Faktoren A und B errechnet sich folgendermaßen:

Zelleneffekt: $[ab]_{jk} = \overline{x}_{jk} - \overline{x}_{..}$

Indem man von diesem Zelleneffekt die Haupteffekte a_j des Faktors A sowie b_k des Faktors B subtrahiert, erhält man den Interaktionseffekt ($A \times B$), der also ein um die Haupteffekte bereinigter Zelleneffekt ist.

Interaktionseffekt:

$(ab)_{jk} = [ab]_{jk} - a_j - b_k = (\overline{x}_{jk} - \overline{x}_{..}) - (\overline{x}_{j.} - \overline{x}_{..}) - (\overline{x}_{.k} - \overline{x}_{..}) = \overline{x}_{jk} - \overline{x}_{j.} - \overline{x}_{.k} + \overline{x}_{..}$

$$MQ(A \times B)_Z = \frac{\sum_{j=1}^{J} \sum_{k=1}^{K} n_{jk} \cdot (\overline{x}_{jk} - \overline{x}_{j.} - \overline{x}_{.k} + \overline{x}_{..})^2}{(J-1) \cdot (K-1)}$$

nj_k: Anzahl der Messwerte der Gruppe mit der Merkmalsausprägung J und K

$$F_{A \times B} = \frac{MQ(A \times B)_Z}{MQ_I}$$

Beispielaufgabe:

Bei einer kathetergestützten Mitralklappenrekonstruktion mit dem MitraClip-System wurde die Zeit bis zur transseptalen Punktion (TSP) gemessen. Dabei wurde der Einsatz eines neuen Echonavigator-Systems mit der konventionellen Technik verglichen. Die Zeiten wurden für zwei Interventionalisten erfasst (s. Tab. 3.11). Mit einer zweifaktoriellen Varianzanalyse soll bei einem Signifikanzniveau von 5 % geprüft werden, ob es signifikante Unterschiede der mittleren Zeit bis zur TSP bei den zwei Ärzten („Haupteffekt A") gibt. Ferner soll geprüft werden, ob der Einsatz des Echonavigators einen signifikanten Effekt auf die Zeit bis zur TSP hat.

Abschließend soll auf eine Interaktion zwischen den Faktoren „Interventionalist" und „Echonavigator-Einsatz" getestet werden. Die Normalverteilung der Messwerte und eine Varianzhomogenität können vorausgesetzt werden.

Tabelle 3.11: Zellen und Randmittelwerte einer zweifaktoriellen ANOVA

	Faktor B „EchoNav"		
Faktor A „Interventionalist"	ja	nein	
I1	22,78 (n=32)	30,83 (n=30)	26,68
I2	22,89 (n=27)	38,07 (n=42)	32,13
	22,83	35,06	29,55 (N=131)

Lösung

Teststatistik:

Haupteffekt A („Interventionalist"):

$MQA_Z = 430,199$

$MQ_I = 214,859$

$F_A = 2,002$

$F_{0,95,1,127} = 3,9$

Haupteffekt B („EchoNav"):

$MQB_Z = 4303,98$

$MQ_I = 214,859$

$F_B = 20,03$

$F_{0,95,1,127} = 3,9$

Interaktion $A \times B$ („Interventionalist $\times$ EchoNav"):

$MQ(A \times B)_Z = 405,353$

$MQ_I = 214,859$

$F_{A \times B} = 1,887$

$F_{0,95,1,127} = 3,9$

Testentscheidung:

Es gibt einen signifikanten Haupteffekt der Echonavigator-Nutzung auf die Zeit bis zur TSP, während für den Faktor „Interventionalist" kein Haupteffekt nachweisbar war. Für den Interaktionsterm konnte hinsichtlich der Zeit bis zur TSP kein signifikantes Resultat aufgezeigt werden. Man kann also davon ausgehen, dass der Haupteffekt „Echonavigator-Einsatz" nicht vom jeweiligen Interventionalisten abhängt.

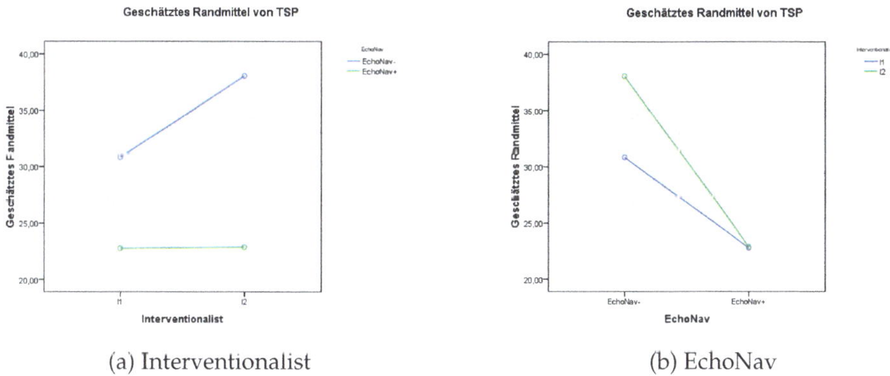

(a) Interventionalist (b) EchoNav

Abbildung 3.4: Profildiagramme zur Veranschaulichung von Haupt- und Interaktionseffekten

Beide Diagramme (s. Abb. 3.4) beschreiben den Sachverhalt aus einer jeweils anderen Perspektive. Der Haupteffekt des Faktors „Echonavigator-Einsatz" wird durch den Abstand der beiden Linien im linken Diagramm verdeutlicht bzw. durch die ähnliche Steigung der beiden Linien des rechten Diagramms.

Dass der Faktor „Interventionalist“ keinen signifikanten Effekt auf die abhängige Variable (Zeit bis zur TSP) hat, kommt gut dadurch zum Ausdruck, dass die Linien im rechten Diagramm einen geringen Abstand haben. Bei einer Interaktion müssten stark unterschiedliche Steigungen der Linien in beiden Diagrammen nachweisbar sein. Die Steigungen sind im gegebenen Fall zwar geringfügig verschieden, allerdings konnte die Teststatistik keinen über den Zufall hinausgehenden signifikanten Interaktionseffekt aufzeigen.

3.4 Nichtparametrische Tests

3.4.1 Kolmogorow-Smirnow-Test (KS-Test)

Der KS-Test ist ein nach A. N. Kolmogorow und W. I. Smirnow benannter nichtparametrischer Test. Das Ziel des Tests ist es, eine empirische Verteilung mit einer theoretischen Verteilung zu vergleichen. Man spricht hier von einem **KS-Anpassungstest**. Ferner kann der KS-Test zum Vergleich von empirischen Verteilungen genutzt werden.

Voraussetzungen:

Er ist eine Alternative zum χ^2-Test und besonders für **kleine Stichprobenumfänge (n < 50)** geeignet. Die Variablen sollten stetig oder diskret sein, wobei der KS-Test auch bei rangskalierten Variablen einsetzbar ist.

Durchführung eines KS-Tests:

1. Aufstellen der Hypothesen bei einem Anpassungstest

Nullhypothese: Die empirische Verteilung (F_1) entspricht der theoretischen Verteilung (F_0).

Zweiseitiger Test:
$H_0: F_1 = F_0$
$H_1: F_1 \neq F_0$

Einseitiger Test:
$H_0: F_1 \geq F_0$ oder $F_1 \leq F_0$
$H_1: F_1 < F_0$ oder $F_1 > F_0$

2. Ermitteln der Prüfgröße

Prüfgröße: Für die ansteigend nach der Größe geordneten Daten werden die kumulierten Häufigkeitsverteilungen ermittelt. Es wird die empirische Verteilungsfunktion bestimmt, bei der jedem Wert die kumulierte relative Häufigkeit der Stichprobenwerte zugeordnet wird.

Die Summenhäufigkeiten S_{n1} und S_{n2} werden durch Differenzbildung (D) verglichen und als Testgröße (TG) die größte Differenz gewählt. Bei zweiseitiger Betrachtung wählt man den größten Absolutbetrag, während man bei einseitigen Tests die größte Differenz in der prognostizierten Richtung wählt.

Einseitiger Test:

$$TG = maxD(S_{n1}(X) - S_{n2}(X))$$

Zweiseitiger Test:

$$TG = maxD \mid S_{n1}(X) - S_{n2}(X) \mid$$

3. Entscheidung:

Die Testgröße wird mit kritischen Werten (T_{krit}) aus einschlägigen Tabellen verglichen.

Dabei gilt: H_0 ist zu verwerfen für $TG > T_{krit}$

1. Beispielaufgabe zum KS-Test

Ein Würfel wird 120-mal geworfen. Die Häufigkeiten für die sechs Würfelzahlen betragen 18, 23, 15, 21, 25, 18. Bei einem idealen Würfel kann als theoretische Verteilung eine Gleichverteilung vorausgesetzt werden. Es ist mit einem KS-Anpassungstest zu prüfen, ob die empirische Verteilung (Ergebnis des Experiments) mit der theoretischen Verteilung übereinstimmt, und zwar bei einem α-Fehler von 5 %.

Tabelle 3.12: Häufigkeiten und Prüfgröße des KS-Anpassungstests

Würfelzahl	f_i	k_i	h_i	h_i (idealer Würfel)	$S_{n1} - S_{n2}$
1	18	18/120	18/120	20/120	-2/120
2	23	23/120	41/120	40/120	-1/120
3	15	15/120	56/120	60/120	-4/120
4	21	21/120	77/120	80/120	-3/120
5	25	25/120	102/120	100/120	-2/120
6	18	18/120	120/120	120/120	0

f_i: absolute Häufigkeit; k_i: relative Häufigkeit; h_i: kumulierte relative Häufigkeit

Die größte Differenz ist der entscheidende Wert. In diesem Fall ist -4/120 die größte Abweichung. Dies ist unsere Prüfgröße. Den Absolutbetrag dieses Wertes vergleicht man mit dem kritischen Wert der theoretischen Verteilung (s. Abb. 3.5).

n	$D_{0,05}$
...	...
8	0,45
9	0,43
10	0,41
11	0,39
...	...
35	0,22
Für n > 35 wird der kritische Wert mit folgender Formel berechnet: $d_\alpha = \frac{\sqrt{\ln(\frac{2}{\alpha})}}{\sqrt{2 \cdot n}}$	

Abbildung 3.5: Kritische Werte für den Kolmogorow-Smirnow-Anpassungstest

Formulierung der Entscheidungsregel:

H_0 ist zu verwerfen für $TG > T_{krit}$

empirisch: $TG = 4/120 = 0,033$

theoretisch: $T_{Krit} = 0,124$

Entscheidung: $T_G < T_{krit} \rightarrow H_0$ wird beibehalten.

Die Hypothese der Übereinstimmung zwischen empirischer und theoretischer Verteilung konnte nicht verworfen werden, sodass man bei einer Irrtumswahrscheinlichkeit von 5 % davon ausgehen kann, dass es sich um einen idealen Würfel handelt.

2. Beispielaufgabe zum KS-Test für zwei empirische Verteilungen (Homogenitätstest)

In einem Labor werden zu verschiedenen Zeitpunkten Proben gezogen, um den Gehalt eines Analyten zu bestimmen. Folgende Ergebnisse in mg/l wurden erzielt: Frühschicht (21; 19; 29; 26; 24) und Spätschicht (40; 22; 38; 31; 35); α = 0,05

Tabelle 3.13: Häufigkeiten und Prüfgröße des KS-Homogenitätstests

Rang	x_i	$h_{i\,Früh}$	$h_{i\,Spät}$	$S_{n1} - S_{n2}$
1	19	0,2	0	0,2
2	21	0,4	0	0,4
3	22	0,4	0,2	0,2
4	24	0,6	0,2	0,4
5	26	0,8	0,2	0,6
6	29	1	0,2	0,8
7	31	1	0,4	0,6
8	35	1	0,6	0,4
9	38	1	0,8	0,2
10	40	1	1	0

Die größte Differenz ist 0,8. Dies ist zugleich unsere Testgröße TG. Für das Signifikanzniveau von $\alpha = 0,05$ und $N = 10$ ergibt sich ein kritischer Wert von $T_{krit} = 0,41$ (s. Abb. 3.5).

Daher gilt: H_0 ist zu verwerfen, da $TG > T_{krit}$

Man kann bei einem Signifikanzniveau von 5 % davon ausgehen, dass die Verteilungsfunktionen unterschiedlich sind.

3.4.2 χ^2-Test (Chi-Quadrat-Test)

Der Chi-Quadrat-Test untersucht, ob die Anteile in untersuchten Gruppen unterschiedlich groß sind. Man unterscheidet zwei Varianten des Tests. Der **Chi-Quadrat-Unabhängigkeitstest** prüft auf die stochastische Unabhängigkeit zweier Merkmale. So kann bspw. geprüft werden, ob es unterschiedliche Anteile von Personen mit Lungenkrebs in den Gruppen der Raucher und Nichtraucher gibt. Bei einem **Chi-Quadrat-Anpassungstest** werden die beobachteten und erwarteten Häufigkeiten in den Kategorien der untersuchten Variablen verglichen. Dieser Test hat eine besondere Bedeutung für den statistischen Nachweis der Normalverteilung bei der getesteten Variable.

Als nichtparametrischer Test gibt es keine Annahme über die Form der Verteilung. Es muss ein nominales oder ordinales Niveau der Messwerte vorliegen. Bei metrischen Merkmalen ist eine Klassifizierung der Werte erforderlich. Eine Voraussetzung des Tests ist, dass bei höchsten 20 % der Kategorien bzw. Klassen die erwartete Häufigkeit kleiner als 5 ist.

1. Beispielaufgabe: Chi-Quadrat-Anpassungstest (Test auf die Normalverteilung)

Eine Erhebung unter 30 Medizinstudenten hat folgende IQ-Werte ergeben (s. Abb. 3.6).

Es soll bei einem Signifikanzniveau von 5 % überprüft werden, ob die gemessenen IQ-Werte normalverteilt sind.

Lösung

1. Schritt: Ermittlung der Parameter der Normalverteilung

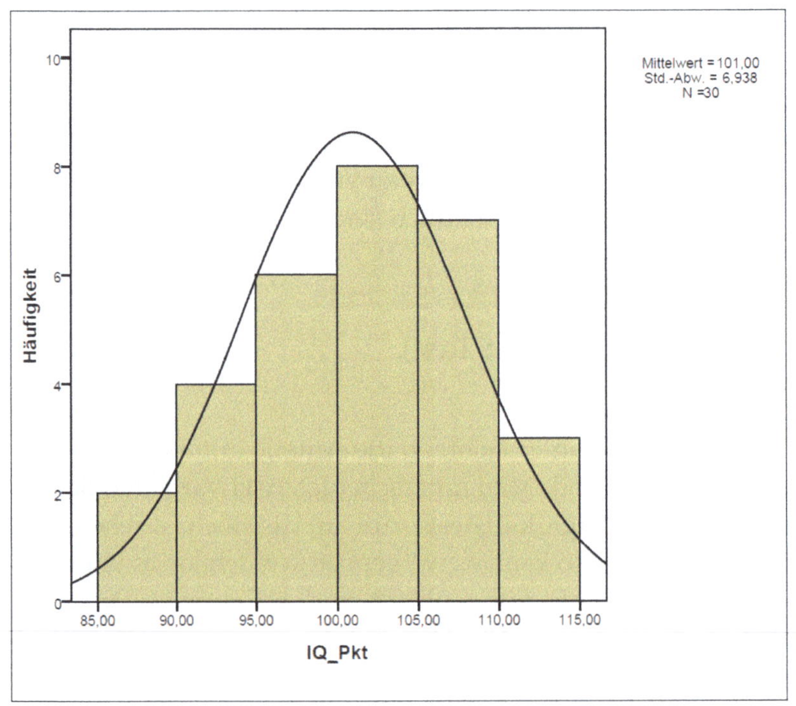

Abbildung 3.6: Empirische Verteilung der IQ-Werte und die Normalverteilungskurve

Die empirische Verteilung weist einen Mittelwert von 101 und eine Standardabweichung von 6,938 auf.

2. Schritt: Bestimmung der Wahrscheinlichkeiten für die theoretische Verteilung $[Z \sim N(0;1)]$

$$P(x < 95) = P(z < (95 - 101)/6,938) = P(z < -0,86) = 0,1949$$

$$P(95 < x < 100) = P(-0,86 < z < -0,144) = 0,2494$$

$$P(100 < x < 105) = P(-0,144 < z < 0,576) = 0,2747$$

$$P(x > 105) = 1 - P(z < 0,576) = 0,281$$

...

Tabelle 3.14: Erwartete normalverteilte IQ-Werte

IQ-Pkt von...bis unter...	z-Werte	Erwartete relative Häufigkeit [%]	Erwartete absolute Häufigkeit
< 95	< -0,86	19,49	5,85
95 - 100	-0,86 < z < -0,144	24,94	7,48
100 - 105	-0,144 < z < 0,576	27,47	8,24
> 105	z > 0,576	28,1	8,43

3. Berechnung der Prüfgröße χ^2:

$\chi^2 = \Sigma$ (beobachtete Häufigkeit – erwartete Häufigkeit)²/erwartete Häufigkeit

Tabelle 3.15: Empirische und normalverteilte absolute Häufigkeit und Berechnung von χ^2

IQ-Pkt von ... bis unter ...	Beobachte Häufigkeit (B)	Erwartete Häufigkeit (E)	$(B-E)^2/E$
< 95	6	5,85	0,0038
95 - 100	6	7,48	0,2928
100 - 105	8	8,24	0,0070
> 105	10	8,43	0,2923
Σ	30		$\chi^2 = 0,5959$

4. Testentscheidung:

Prüfung der Voraussetzungen

Da in keiner Kategorie die erwartete Häufigkeit kleiner als 5 ist, sind die Voraussetzungen für den Test gegeben.

Testvorgaben:

Wir testen die Nullhypothese H_0: $\chi^2 = 0$ mit einem 5 %-igen Signifikanzniveau

Ermittlung des Tabellenwertes:

Man vergleicht den empirischen Wert 0,5959 mit dem theoretischen Wert, der für 3 Freiheitsgrade und ein Signifikanzniveau von 5 % abzulesen ist.

$\chi^2(Tab) = 7,87$

$\chi^2(empirisch) < \chi^2(Tab) \rightarrow H_0$ wird beibehalten

Die Nullhypothese konnte nicht verworfen werden, sodass man davon ausgehen kann, dass die IQ-Werte der Medizinstudenten normalverteilt sind.

2. Beispielaufgabe: Chi-Quadrat-Unabhängigkeitstest

Bei einer Studie zur Therapie des Reizdarmsyndroms wurde eine medikamentöse Therapie mit einer diätetischen Behandlung verglichen. Die Ergebnisse dieser Studie sind in der nachfolgenden Vierfeldertafel zusammengefasst (Tab. 3.16). Es soll mit einem Chi-Quadrat-Unabhängigkeitstest bei einem Signifikanzniveau von 5 % statistisch überprüft werden, ob der Therapieerfolg von der Art der Therapie abhängig ist.

Tabelle 3.16: Chi-Quadrat-Unabhängigkeitstest

	Besserung der Symptome		
	ja	nein	
Diät	28 (30)*	22 (20)	50
Medikamente	32 (30)	18 (20)	50
	60	40	100

* ( ) erwartete Häufigkeiten bei der Annahme der Unabhängigkeit der Merkmale

Lösung:

1. Schritt: Berechnung der Prüfgröße

$\chi^2 = (28-30)^2/30 + (32-30)^2/30 + (22-20)^2/20 + (18-20)^2/20 \approx 0,67$

2. Schritt: Testentscheidung

Prüfung der Voraussetzungen:

Da in keiner Kategorie die erwartete Häufigkeit kleiner als 5 ist, sind die Voraussetzungen für den Test gegeben.

Testvorgaben:

Wir testen die Nullhypothese H_0: Die beiden Merkmale „Therapieerfolg“ und „Therapieart“ sind unabhängig (5 %-iges Signifikanzniveau)

Ermittlung des Tabellenwertes:

Man vergleicht den empirischen Wert 0,67 mit dem theoretischen Wert, der für einen Freiheitsgrad und ein Signifikanzniveau von 5 % abzulesen ist.

$\chi^2(Tab) = 3,84$

$\chi^2(empirisch) < \chi^2(Tab) \rightarrow H_0$ wird beibehalten

Die Nullhypothese konnte nicht verworfen werden, sodass man davon ausgehen kann, dass die Merkmale „Therapieerfolg“ und „Therapieart“ unabhängig voneinander sind. Auf der Basis dieser Studie konnte also keine Überlegenheit einer Therapieform aufgezeigt werden.

3.4.3 Mann-Whitney U-Test

Der Mann-Whitney-U-Test gehört zu den stärksten nichtparametrischen Tests. Der U-Test wurde von H. B. Mann und D. R. Whitney zum Vergleich von zwei unabhängigen Stichproben hinsichtlich ihrer **zentralen Tendenz** entwickelt, wobei die Werte mindestens Ordinalskalenniveau aufweisen müssen.

Voraussetzungen für die U-Verteilung:

Die abhängigen Variablen müssen **mindestens ordinalskaliert** sein und die Verteilungen der beiden Stichproben müssen hinsichtlich der Form gleich sein. Ferner müssen die untersuchten Stichproben unabhängig sein.

Hypothesen:

$H_0 : F1 = F2$ (zweiseitig)

$H_0 : F1 \geq F2$ oder $F1 \leq F2$ (einseitig)

$H_1 : F1 \neq F2$ bzw. $F1 < F2$ oder $F1 > F2$

Die Nullhypothese H_0 besagt, dass die beiden Stichproben der gleichen Grundgesamtheit entstammen, wobei die gleiche Form der Verteilung vorausgesetzt wird.

Vorgehensweise:

Die Stichprobenwerte aus den beiden Stichproben werden vereint und nach der Größe ansteigend geordnet. Anschließend bekommt jeder Einzelwert gemäß seiner Position in der Reihenfolge einen Rang zugeordnet. Hat man gleiche Stichprobenwerte wird eine gemittelte Rangzahl ermittelt. Die Rangzahlen werden für jede einzelne Stichprobe aufsummiert. Aus den Rangsummen wird dann die Prüfgröße berechnet.

Berechnungsformel:

$$U_n = n \cdot m + \frac{(n^2 + n)}{2} - R_n$$

$$U_m = n \cdot m + \frac{(m^2 + m)}{2} - R_m$$

Die Stichprobenvariablen $X_1, ..., X_m, Y_1, ..., Y_n$ sind unabhängig. Bei $n \cdot m$ Vergleichen kommt es in U_n Fällen vor, dass Werte aus X_m größer sind als die Werte aus Y_n.

Die berechneten U-Werte vergleicht man mit den U-Werten aus Tabellen, die die kritischen Werte für verschiedene Signifikanzniveaus angeben. Für die Entscheidung wählt man den kleineren der berechneten U-Werte.

1. Beispielaufgabe zum Mann-Whitney U-Test:

In einer Klinik wurden von 24 Patienten während der Therapie 13 (Stichprobe 1) durch einen Ernährungsberater betreut. Die restlichen 11 Patienten (Stichprobe 2) erhielten keine Ernährungsberatung (Kontrolle). Es wurde mit einem Fragebogen zum „Wohlbefinden" die Compliance überprüft (Werte von 0 bis 40; 0 steht für sehr geringes und 40 für sehr hohes Wohlbefinden). Die Ergebnisse sind in der nachfolgenden Tabelle zusammengefasst. Es soll bei einem Signifikanzniveau von 5 % statistisch geprüft werden, ob eine Ernährungsberatung die Compliance während der Therapie verbessert.

Es sind folgende Hypothesen zu prüfen:

$H_0 : F1 \leq F2$ (einseitig)

$H_1 : F1 > F2$

Tabelle 3.17: Ergebnisse eines U-Tests

Werte	1	2	3	4	5	6	7	8	9	10	11	12	13
Beratung	27	34	20,5	29,5	20	28	20	26,5	22	24,5	34	35,5	19
Rang	19	22,5	12	21	10,5	20	10,5	18	14	17	22,5	24	9
$\Sigma = 220$													
Kontrolle	18	14,5	13,5	12,5	23	24	21	17	18,5	9,5	14	-	-
Rang	7	5	3	2	15	16	13	6	8	1	4	-	-
$\Sigma = 80$													

Lösung:

$U_{13} = 13 \cdot 11 + (13^2 + 13)/2 - 220 = 14$

$U_{11} = 13 \cdot 11 + (11^2 + 11)/2 - 80 = 129$

Zur Berechnung der Teststatistik wird die größere der beiden Rangsummen verwendet, sodass der kleinere der beiden U-Werte die Prüfgröße ist. $U_{13} = 14$ besagt, dass nur in 14 Fällen der insgesamt $13 \cdot 11 = 143$ Vergleiche die Werte der Messreihe 2 größer waren als die Werte der Messreihe 1. Da eine einseitige Problemstellung vorliegt, vergleicht man diesen Wert mit dem Quantil $U_{13,11;0,05} = 42$ (s. Tab. 3.18). Wegen $U_{13} = 14 < U_{13,11;0,05}$ wird H_0 verworfen. Die beiden Stichproben gehören nicht der gleichen Grundgesamtheit an. Mann kann davon ausgehen, dass eine Ernährungsberatung während der Therapie die Compliance verbessert.

Tabelle 3.18: Kritische Grenzen bei einem U-Test (Signifikanzniveau 5 %)

	n2	9	10	11	12	13	14	15	16	17	18	19	20
n1													
1												0	0
2		1	1	1	2	2	2	3	3	3	4	4	4
3		3	4	5	5	6	7	7	8	9	9	10	11
4		6	7	8	9	10	11	12	14	15	16	17	18
5		9	11	12	13	15	16	18	19	20	22	23	25
6		12	14	16	17	19	21	23	25	26	28	30	32
7		15	17	19	21	24	26	28	30	33	35	37	39
8		18	20	23	26	28	31	33	36	39	41	44	47
9		21	24	27	30	33	36	39	42	45	48	51	54
10		24	27	31	34	37	41	44	48	51	55	58	62
11		27	31	34	38	42	46	50	54	57	61	65	69
12		30	34	38	42	47	51	55	60	64	68	72	77
13		33	37	42	47	51	56	61	65	70	75	80	84

2. Beispielaufgabe zum Mann-Whitney U-Test:

Bei zwei Patientengruppen mit einem erhöhten kardiovaskulären Risiko werden neue Cholesterinsenker mit einem Placebo verglichen. In beiden Gruppen werden 10 Patienten untersucht (s. Tab. 3.19). Es soll statistisch geprüft werden, ob sich die medianen LDL-Cholesterinwerte (mg/dl) zwischen den Behandlungsgruppen signifikant unterscheiden, wobei ein Signifikanzniveau von 5 % gelten soll.

Es sind folgende Hypothesen zu prüfen:

$H_0 : F1 \geq F2$

$H_1 : F1 < F2$ (einseitig)

Tabelle 3.19: Ergebnisse eines U-Tests zum Effekt von Cholesterinsenkern

Messwerte	1	2	3	4	5	6	7	8	9	10	Σ
1. Medikament	70	70,5	70,5	70,7	70,9	71	71	71,2	71,4	71,4	
Rang	1	2,5	2,5	4	5	6,5	6,5	8	10	10	56
2. Placebo	71,4	73,6	75	77	79	81	81	82	82	83	
Rang	10	12	13	14	15	16,5	16,5	18,5	18,5	20	154

Lösung:

Medikamentengruppe: $U_{10} = 10 \cdot 10 + (10^2 + 10)/2 - 56 = 99$

Placebogruppe: $U_{10} = 10 \cdot 10 + (10^2 + 10)/2 - 154 = 1$

Man nimmt den kleineren der beiden Werte ($U_{10} = 1$) und vergleicht diesen Wert mit den kritischen Werten aus der Tabelle 3.18 bei einem Signifikanzniveau $\alpha = 0,05$. Die Prüfgröße $U_{10} = 1$ sagt aus, dass nur bei einem von insgesamt 100 Vergleichen der Messwerte ein Wert in der Medikamentengruppe größer war als in der Placebogruppe. Der Tabellenwert $U_{10,10:0,05}$ ist 27 (s. Tab. 3.18). Da $U_{10} = 1 < U_{10,10;0,05} = 27$ ist, wird H_0 verworfen. Die beiden Stichproben entstammen nicht der gleichen Grundgesamtheit. Man kann bei einem Signifikanzniveau von 5 % davon ausgehen, dass die Medikamentengabe eine signifikante Senkung des LDL-Cholesterinspiegels bewirkt hat.

3.4.4 Wilcoxon-Vorzeichen-Rang-Test

Der Wilcoxon-Vorzeichen-Rang-Test testet für zwei **abhängige Stichproben** die Gleichheit der zentralen Tendenzen der zugrundeliegenden Grundgesamtheiten. Er sollte dem Vorzeichentest (Mediantest) vorgezogen werden, weil er zusätzlich zu der Richtung der Differenzen die Größe der Paardifferenzen einbezieht. Die abhängige Variable muss mindestens **ordinalskaliert** sein.

Der Vergleich der abhängigen Stichproben ist ein Vergleich des Medians der Paardifferenzen mit dem Wert Null, sodass sich folgende Hypothesen formulieren lassen:

$H_0 : d = 0$

$H_1 : d \neq 0$

Vorgehensweise:

Es werden für alle abhängigen Paare die Differenzen berechnet. Die Paare mit Nulldifferenzen werden nicht berücksichtigt. Die Absolutbeträge der Differenzen werden nach ansteigender Größe durchnummeriert. Gleichen Absolutbeträgen wird eine gemittelte Rangzahl zugeordnet. Die Summe der zu den positiven oder negativen Paardifferenzen gehörenden Rangzahlen ist die Prüfgröße, wobei die Werte der Summen mit den tabellierten kritischen Werten verglichen werden. Ist der Wert der Prüfgröße extremer als die kritische Grenze, so ist H_0 auf dem jeweiligen Signifikanzniveau zu verwerfen.

1. Beispielaufgabe zum Wilcoxon-Vorzeichen-Rang-Test:

In einer Studie zum Thema „Adipositas bei Kindern" wurde der systolische Blutdruck von 11 Knaben zweimal hintereinander gemessen. Die zweite Messung erfolgte nach der Durchführung eines Programms zur Gewichtsreduktion bei Kindern mittels Ernährungsumstellung und Sport. Es soll mit dem Wilcoxon-Vorzeichen-Rang-Test statistisch geprüft werden, ob bei einem Signifikanzniveau von 5 % eine Senkung des Blutdrucks nachweisbar ist (einseitige Fragestellung).

Tabelle 3.20: Ergebnisse eines Wilcoxon-Tests zum Blutdruck bei Kindern

Patient Nr.	1	2	3	4	5	6	7	8	9	10	11	Σ
1. Messung	165	132	125	127	139	116	99	115	125	105	116	
2. Messung	160	129	121	118	135	105	98	116	118	107	111	
Differenz	-5	-3	-4	-9	-4	-11	-1	1	-7	2	-5	
Positive Ränge								1,5		3		4,5
Negative Ränge	7,5	4	5,5	10	5,5	11	1,5		9		7,5	61,5

Lösung:

Die Summe der positiven Ränge ergibt $w^+ = 4,5$. Der tabellierte Wert beträgt $w_{11;0,05} = 13$. Die Nullhypothese wird also verworfen, da der berechnete Wert kleiner ist als der kritische Wert.

Tabelle 3.21: Kritische Werte für den Wilcoxon-Test

n	$W_{n,0025}$	$W_{n,005}$	$W_{n,0,95}$	W_n, 0,975
5	-	0	15	-
6	0	2	19	21
7	2	3	25	26
8	3	5	31	33
9	5	8	37	40
10	8	10	47	45
11	10	13	53	56
12	13	17	61	65
13	17	21	70	74
14	21	25	80	84
15	25	30	90	95
16	29	35	101	107
17	34	41	112	119
18	40	47	124	131
19	46	53	137	144
20	52	60	150	158

Die Nullhypothese kann also auf dem Signifikanzniveau von 5 % verworfen werden. Die durchgeführten Maßnahmen haben offenbar einen positiven Effekt auf den Blutdruck der Jugendlichen.

3.4.5 H-Test von Kruskal-Wallis

Der sog. H-Test wurde von W. Kruskal und W. A. Wallis entwickelt und stellt eine Verallgemeinerung des U-Testes dar, wenn **mehr als zwei unabhängige Stichproben** untersucht werden. Dieser Test ist die parameterfreie Alternative zur einfaktoriellen Varianzanalyse (ANOVA). Es werden mindestens ordinalskalierte Daten vorausgesetzt.

Hypothesen:

H_0: Die Stichproben entstammen der gleichen Grundgesamtheit bzw. die zentralen Lagemaße der unabhängigen Stichproben sind gleich ($H_0 : F_1 = F_2 = F_3 \ldots$).

H_1: Zwischen mindestens zwei Gruppen bestehen signifikante Unterschiede hinsichtlich der zentralen Lagemaße.

Prüfgröße:

Alle Messwerte werden vereint und ansteigend nach der Größe geordnet. Nachfolgend werden den geordneten Werten Ränge zugeteilt und schließlich wird für jede Stichprobe (bzw. für jede Faktorstufe) die Rangsumme (Rj) berechnet.

Die Prüfgröße berechnet man wie folgt:

$$H = \frac{12}{n \cdot (n+1)} \cdot \sum_{j=1}^{k} \frac{Rj^2}{nj} - 3 \cdot (n+1)$$

(n = Gesamtstichprobenumfang; nj = Stichprobenumfang der Gruppen; k = Anzahl der Gruppen; Rj = Rangsumme für jede Gruppe)

Wenn verbundene Ränge vorliegen, muss die Prüfgröße korrigiert werden:

$$H(korr) = \frac{H}{1 - \frac{\sum_{j=1}^{m}(tj^3 - tj)}{N^3 - N}}$$

(m = Anzahl der verbundenen Ränge; tj = Anzahl der Werte die im j-ten Rangplatz stehen)

Für $nj \geq 5$ und $k \geq 4$ ist die Teststatistik asymptotisch Chi-Quadrat-verteilt mit $k-1$ Freiheitsgraden.

Entscheidung/kritischer Bereich:

H_0 wird verworfen, falls $H > \chi^2_{k-1,1-\alpha}$ gilt. Für $n < 5$ und $k = 3$ existieren einschlägige statistische Tabellen mit kritischen H-Werten.

Beispielaufgabe zum H-Test:

In einer tierexperimentellen Studie wurde der Einfluss von Adjuvantien für ein bei Lungentransplantationen eingesetztes Surfactantpräparat (Curosurf) hinsichtlich der Entwicklung intraalveolärer Ödeme (prozentualer Anteil des intraalveolären Ödems am Parenchym) getestet (s. Tab. 3.22). Neben einer Kontrolle, die nur das Surfactantpräparat enthielt, wurden die drei Adjuvantien Dextran, Polyethylenglykol und Hyaluronsäure untersucht, die zusätzlich zu dem Surfactantpräparat instilliert wurden. Mit einem H-Test soll bei einem Signifikanzniveau von 5 % statistisch geprüft werden, ob es bei den getesteten Gruppen Unterschiede im Hinblick auf die Ödembildung gibt.

Tabelle 3.22: Ergebnisse eines H-Tests zu Surfactantpräparaten

Gruppe	Curosurf					Curosurf + Dextran					Curosurf + Polyethylenglykol					Curosurf + Hyaluronsäure				
	1	1	1	1	1	2	2	2	2	2	3	3	3	3	3	4	4	4	4	4
%	0,75	0,8	0,8	1,15	1,2	1	0,85	1,45	1,25	1	1,5	1,6	1,3	1,5	1,7	1,3	1,2	1,35	1,5	1
Rang	1	2,5	2,5	8	9,5	6	4	15	11	6	17	19	12,5	17	20	12,5	9,5	14	17	6
Σ	23,5					42					85,5					59				

Lösung:

$$H = \frac{12}{20 \cdot (20+1)} \cdot (\frac{23,5^2}{5} + \frac{42^2}{5} + \frac{85,5^2}{5} + \frac{59^2}{5}) - 3 \cdot (20+1) = 11,9$$

Da verbundene Ränge vorliegen, muss die Korrekturformel verwendet werden. Es liegen fünfmal verbundene Ränge vor, und zwar die Ränge 2 und 3, 5 bis 7, 9 und 10, 12 und 13 sowie die Ränge 16 bis 18.

$$H(korr) = \frac{11,9}{1 - \frac{3\cdot(2^3-2)+2\cdot(3^3-3)}{20^3-20}} = 11,999$$

Dieser H-Wert ist größer als das Quantil $\chi^2_{3;0,95} = 7,815$ (s. Tab. 3.23), sodass die Nullhypothese verworfen wird. Es gibt also zwischen mindestens zwei Gruppen signifikante Unterschiede der mittleren Lagemaße der Ödemgehalte.

Tabelle 3.23: Kritische Werte für einen H-Test [*df* = Freiheitsgrad]

df	$1-\alpha$										
	0,005	0,01	0,025	0,05	0,1	0,5	0,9	0,95	0,975	0,99	0,995
1	0	0	0	0	0,02	0,45	2,71	3,84	5,02	6,63	7,88
2	0,01	0,02	0,05	0,1	0,21	1,39	4,61	5,99	7,38	9,21	10,6
3	0,07	0,11	0,22	0,35	0,58	2,37	6,25	7,81	9,35	11,34	12,84
4	0,21	0,3	0,48	0,71	1,06	3,36	7,78	9,49	11,14	13,28	14,86
5	0,41	0,55	0,83	1,15	1,61	4,35	9,24	11,07	12,83	15,09	16,75
6	0,68	0,87	1,24	1,64	2,2	5,35	10,64	12,59	14,45	16,81	18,55
7	0,99	1,24	1,69	2,17	2,17	2,17	2,83	6,35	12,02	14,07	16,01

3.4.6 Median-Test

Der Median-Test ist ein einfacher Vorzeichentest, mit dem signifikante Abweichungen eines Stichprobenergebnisses vom bekannten Median der Grundgesamtheit erkannt werden können. Neben diesem Ein-Stichprobentest ist auch ein Zwei- oder k-Stichprobentest möglich, bei dem auf signifikante Unterschiede zwischen den Medianen unabhängiger Stichproben untersucht wird. Ferner kann der Median-Test testen, ob die zentralen Tendenzen zweier abhängiger Stichproben verschieden sind.

Der Median-Test wird insbesondere zum Vergleich von Medianwerten eingesetzt, wenn **starke Unterschiede hinsichtlich der Verteilungsform** zwischen den Stichproben vorliegen. Er dient dann als Alternative zum U-Test oder H-Test. Die Daten müssen lediglich ordinalskaliert sein. Obwohl dieser Test wegen der geringen Anforderungen an die Verteilung der Messwerte besonders robust ist, wird er nur in Ausnahmefällen eingesetzt, da die Teststärke für die meisten Anwendungen zu gering ist.

Ein-Stichprobentest

Hypothesen:

Es soll die Hypothese getestet werden, dass der Median einen bestimmten Wert aufweist.

$H_0 : \tilde{\mu} = \tilde{\mu}_0$

$H_1 : \tilde{\mu} \neq \tilde{\mu}_0$

H_0 lässt sich unter Berücksichtigung der Definition des Medians wie folgt umformulieren:

$P(\tilde{x} - \tilde{\mu}_0 > 0) = P(\tilde{x} - \tilde{\mu}_0 < 0) = p = 0,5$

wobei X eine stetig verteilte Zufallsvariable ist.

Prüfgröße:

Als Prüfgröße wählt man die Zufallsvariable K, als Anzahl der positiven Abweichungen der Messwerte von $\tilde{\mu}_0$. K ist **binomialverteilt** mit den Parametern $p = 0,5$ und n (Anzahl aller Differenzen).

Entscheidungsregel:

$K \leq k_{\alpha/2}$ oder $K \geq k_{1-\alpha/2} \rightarrow H_0$ wird verworfen

Zwei-Stichproben Mediantest:

Hypothesen:

Man testet, ob der Median der Paardifferenzen der beiden Stichproben signifikant von Null verschieden ist.

$H0 : \tilde{d} = 0$

$H1 : \tilde{d} \neq 0$

Prüfgröße:

Als Prüfgröße verwendet man die Zufallsvariable K (Anzahl der positiven Vorzeichen der Paardifferenzen). Unter H_0 ist K binomialverteilt mit den Parametern $p = 0,5$ und n (Anzahl aller Paardifferenzen).

Entscheidungsregel:

$K \leq k_{\alpha/2}$ oder $K \geq k_{1-\alpha/2} \rightarrow H_0$ wird verworfen.

Eine Variation des beschriebenen Mediantests für k unabhängige Stichproben ist die Bestimmung des Medians der vereinigten nach der Größe geordneten Werte. Anschließend werden die Werte jeder Stichprobe in einer Kontingenztabelle danach geordnet, ob sie kleiner oder größer als der gemeinsame Median sind. Die Testentscheidung erfolgt mit einem Chi-Quadrat-Homogenitätstest.

Beispielaufgabe zum Mediantest:

In einer Stichprobe mit $n = 10$ Personen werden folgende IQ-Werte gemessen: (92, 96, 96, 106, 112, 114, 114, 118, 123, 124). Sie gehen davon aus, dass der Median der IQ-Werte in der Population $\tilde{\mu}_0 = 100$ beträgt. Überprüfen Sie, ob die zentrale Tendenz in dieser Stichprobe signifikant von $\tilde{\mu}_0$ abweicht.

Es sind folgende Hypothesen zu prüfen:

$H_0 : \tilde{\mu} = \tilde{\mu}_0$

$H_1 : \tilde{\mu} \neq \tilde{\mu}_0$

Tabelle 3.24: Ergebnisse für einen Mediantest zu IQ-Werten

Probanden	IQ	$D_m = IQ - 100$
1	92	-8
2	96	-4
3	96	-4
4	106	6
5	112	12
6	114	14
7	114	14
8	118	18
9	123	23
10	124	24

Lösung:

1. Bestimmung der kritischen Grenzen bei einem Signifikanzniveau von 5 % für eine binomialverteilte Zufallsvariable X mit den Parametern $n = 10$ und $p = 0,5$:

$P(x \leq k_2) \geq 0,975 \rightarrow k_2 = 8$

$P(X < k_1) \leq 0.025 \rightarrow k_1 = 2$

2. Definition des Annahmebereichs A für die Nullhypothese:

$A = [2; 8]$

3. Formulierung der Entscheidungsregel:

Die Nullhypothese, die zentrale Tendenz der Stichprobe weiche nicht signifikant vom Median der Population ab, wird zugunsten der Gegenhypothese verworfen, wenn bei 10 berechneten Differenzen zwischen den empirischen Werten und dem Populationsmedian weniger als zwei oder mehr als 8 Paardifferenzen mit positiven Vorzeichen auftreten, und zwar unter Berücksichtigung eines Signifikanzniveaus von 5 %.

4. Entscheidung bei dem vorliegenden Stichprobenergebnis:

Es konnten 7 Paardifferenzen mit positiven Vorzeichen festgestellt werden. Das Stichprobenergebnis gehört also zum Annahmebereich, sodass die Nullhypothese nicht verworfen werden kann. Man kann davon ausgehen, dass die Stichprobe der Grundgesamtheit mit dem gegebenen Populationsmedian entstammt.

Kapitel 4

Ereigniszeitanalyse

Nach der Bearbeitung dieser Lektion werden Sie wissen, ...

- für welche Fragestellungen die Kaplan-Meier-Analyse angewendet wird;
- welches die typischen Fehler von Ereigniszeitanalysen sind;
- was man unter zensierten Patienten versteht;
- wann ein Log-Rank-Test bei Ereigniszeitanalysen angewendet wird;
- welche Vorteile die Cox-Regression bei Überlebenszeitanalysen hat.

Aus der Praxis:

In einer kontrollierten Therapiestudie wurden bei Hirntumorpatienten zwei Therapieverfahren verglichen. Bei 200 Patienten wurde das konventionelle Verfahren angewendet, während eine zweite Patientengruppe mit ebenfalls 200 Patienten mit einem alternativen Therapieverfahren behandelt wurde. Als Kriterium wird die Überlebenszeit erfasst.

Welches statistische Verfahren ist bei der Auswertung am ehesten geeignet?

[A] t-Test

[B] Wilcoxon-Test für unabhängige Stichproben

[C] Mediantest

[D] Log-Rank-Test

4.1 Kaplan-Meier-Analyse

Zur Analyse von Ereigniszeitdaten wird das **Kaplan-Meier-Verfahren** verwendet, bei dem mit Summenhäufigkeitsfunktionen bestimmt wird, bei welchem Anteil von Individuen bis zu einem bestimmten Zeitpunkt ein Ereignis (bspw. ein Erfolg oder ein Misserfolg einer Therapie) eingetreten ist oder bei welchem Anteil der Individuen das definierte Ereignis noch nicht eingetreten ist. Ob es signifikante Unterschiede von zwei oder mehr Kaplan-Meier-Kurven gibt, kann mit dem nichtparametrischen **Log-Rank-Test** quantifiziert werden. Mit der **Cox-Regression** kann der gleichzeitige Einfluss mehrerer kategorialer und metrischer Prädiktoren auf die Überlebenszeit statistisch nachgewiesen und hinsichtlich der Stärke der Vorhersagekraft von Prädiktoren beurteilt werden.

Die **Kaplan-Meier-Kurve** bzw. Ereigniszeitkurve ist die grafische Darstellung einer Summenhäufigkeitsfunktion, bei der auf der x-Achse die Zeit t und auf der y-Achse die kumulierte Häufigkeit $S(t)$ abgetragen ist. Es ist auch die Begrifflichkeit „Überlebenszeitkurve" gebräuchlich, da das erfasste Ereignis häufig der Tod des Patienten nach der Diagnosestellung ist. Mit dem **Kaplan-Meier-Schätzer S(t)** wird die Wahrscheinlichkeit für das Nichtauftreten eines Ereignisses bei einem Untersuchungsobjekt geschätzt. Da Studien aus ethischen und finanziellen Gründen zeitlich begrenzt sind, tritt bei einigen Patienten das Ereignis bis zum Beobachtungsende nicht auf. Derartige Fälle werden als **Zensierungen** bezeichnet und dürfen nicht fälschlicherweise als Ereignisse ausgelegt werden. Es liegen auch dann Zensierungen vor, wenn Personen bspw. wegen fehlender Compliance aus der Studie ausscheiden oder das Ereignis aus Gründen eingetreten ist, die nicht mit der Studie im Zusammenhang stehen. Falls bspw. bei der Überprüfung einer neuen Therapie für Tumorpatienten die Überlebenszeit seit der Diagnosestellung überprüft werden soll und als Ereignis der „Tod durch den Tumor" definiert ist, müssen

Todesursachen wie Unfälle oder Suizide als Zensierung bewertet werden. Die Berechnung des Kaplan-Meier-Schätzers sowie die grafische Darstellung der Kaplan-Meier-Kurve wird im nachfolgenden Beispiel erläutert.

Einführende Beispielaufgabe zum Kaplan-Meier-Verfahren:

Bei sechs Brustkrebspatientinnen soll ein neues Therapieverfahren mit der Ereigniszeitanalyse nach Kaplan-Meier beurteilt werden. Als Ereignis wird der Tod jedweder Art definiert. Die Patientendaten sind in der Tabelle 4.1 zusammengefasst.

Tabelle 4.1: Überlebensdaten und Kaplan-Meier-Schätzer

Pat.-Nr.	Status	t_i	d_i	n_i	$(n_i - d_i)/n_i$	$S(t)$
3	tot	3	1	6	5/6	5/6
4	tot	6	1	5	4/5	$4/5 \cdot 5/6 = 2/3$
1	?	7	0	4	1	$1 \cdot 2/3 = 2/3$
6	lebt	9	0	3	1	$1 \cdot 2/3 = 2/3$
2	tot	12	1	2	1/2	$1/2 \cdot 2/3 = 1/3$
5	lebt	18	0	1	1	$1 \cdot 1/3 = 1/3$

t_i: Ereigniszeit in Monaten

d_i: Anzahl der Ereignisse zum Zeitpunkt t_i

n_i: Anzahl der Patienten unter Risiko zum Zeitpunkt t_i

$s_i = (n_i - d_i)/n_i$: Anteil der den Zeitpunkt t_i Überlebenden unter denjenigen, die t_{i-1} überlebt haben bzw. zum Zeitpunkt t_i unter Risiko stehen

$S(t_i)$: Wahrscheinlichkeit für Patienten mindestens bis zum Ende des t_i-ten Monats zu überleben [$S(t_i)$: Kaplan-Meier-Schätzer]

Interpretation der Tabellenwerte:

Nach 3 Monaten: 1 von 6 Patienten ist verstorben. Die Wahrscheinlichkeit mindestens bis zum Ende des 3. Monats zu überleben beträgt daher $5/6 \approx 0{,}8333$, also ca. 83,33 %.

Nach 6 Monaten: 1 von 5 Patienten ist verstorben. Somit überleben vom 3. bis zum 6. Monat 4 der 5 Patienten, die nach dem 3. Monat noch gelebt haben. Die Wahrscheinlichkeit mindestens bis zum 6. Monat zu überleben beträgt somit $4/5 \cdot 5/6 = 2/3 \approx 0{,}6666$, also ca. 66,67 %.

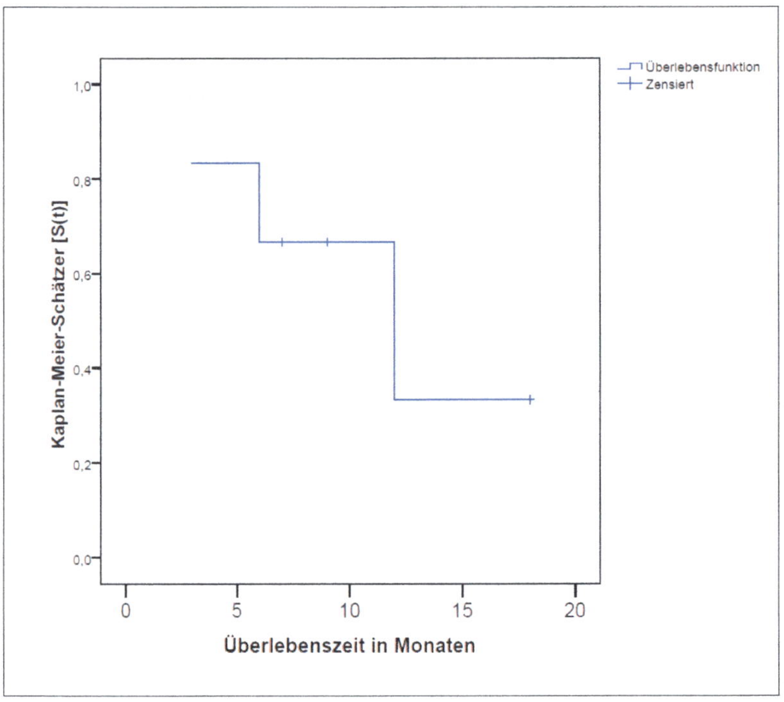

Abbildung 4.1: Kaplan-Meier-Kurve

Nach 7 Monaten: Ein Patient ist aus der Studie ausgeschieden, ohne dass das definierte Ereignis eingetreten ist (Zensierung). Die Patientenzahl unter Risiko reduziert sich auf 3, während der Kaplan-Meier-Schätzer unverändert bleibt.

Nach 9 Monaten: Ein weiterer Patient ist aus der Studie ausgeschieden, ohne dass das definierte Ereignis eingetreten ist (Zensierung). Die Patientenzahl unter Risiko reduziert sich auf 2, während der Kaplan-Meier-Schätzer unverändert bleibt.

Nach 12 Monaten: Einer von zwei Patienten ist verstorben. Somit überlebt vom 9. bis zum 12. Monat einer der zwei Patienten, die nach dem 9. Monat noch gelebt haben. Die Wahrscheinlichkeit mindestens bis zum 12. Monat zu überleben beträgt somit $1/2 \cdot 2/3 = 1/3 \approx 0{,}3333$, also ca. 33,33 %.

Nach 18 Monaten: Bei einem Patienten ist während der gesamten Beobachtungszeit kein Ereignis eingetreten, sodass er als zensiert bewertet wird. Der Kaplan-Meier-Schätzer verändert sich nicht.

Im gegebenen Beispiel beträgt die **1-Jahres-Überlebensrate** ca. 33,33 %. Man kann also erwarten, dass noch ca. 33,33 % der Patienten ein Jahr nach der Diagnosestellung leben. Die **mediane Überlebenszeit** ist der Zeitpunkt, bei dem die Hälfte der Patienten noch lebt bzw. 50 % der Patienten ein Ereignis erlitten hat. Bei den 6 Krebspatienten der Beispielaufgabe beträgt die mediane Überlebenszeit 12 Monate.

4.2 Log-Rank

Prinzip:

Mit dem nichtparametrischen Log-Rank-Test kann statistisch geprüft werden, ob sich die Ereigniszeiten in zwei Gruppen signifikant unterscheiden, wobei man den gesamten Beobachtungszeitraum erfasst. Vereinfachend kann man sagen, dass Kaplan-Meier-Kurven miteinander verglichen werden.

Vorgehensweise:

Die Nullhypothese lautet, dass die Ereigniszeiten der untersuchten Gruppen gleich verteilt sind. Für jede Ereigniszeit t_i lassen sich die Ereigniszeitdaten in Vierfeldertafeln zusammenfassen (s. Tab. 4.2).

Tabelle 4.2: Darstellung der Ereignisdaten zum Zeitpunkt t_i

	Anzahl der Ereignisse an t_i	Anzahl ereignisfreier Patienten an t_i	Anzahl der Patienten unter Risiko kurz vor t_i
Gruppe 1	d_{1i}	$n_{1i} - d_{1i}$	n_{1i}
Gruppe 2	d_{2i}	$n_{2i} - d_{2i}$	n_{2i}
	d_i	$n_i - d_i$	n_i

Die Testgröße errechnet sich wie folgt:

$T = \frac{(D1-E1)^2}{E1} + \frac{(D2-E2)^2}{E2}$ mit

$D1 = \sum_{i=1}^{n} d_{1i}; D2 = \sum_{i=1}^{n} d_{2i}; E1 = \sum_{i=1}^{n} e_{1i}; E2 = \sum_{i=1}^{n} e_{2i}$

Dabei sind e_{1i} und e_{2i} die erwartete Anzahl der Ereignisse in den beiden Gruppen zum Zeitpunkt t_i bei Annahme einer gleichen Verteilung der Ereigniszeiten in beiden Gruppen.

Die Testgröße ist asymptotisch χ^2-verteilt mit einem Freiheitsgrad.

Beispielaufgabe:

Bei 20 Patienten sollen zwei unterschiedliche Behandlungsmethoden A und B hinsichtlich der Überlebenszeiten mit dem Log-Rank-Test verglichen werden.

Die Ergebnisse der Untersuchung sind in der Tabelle 4.3 und der Abbildung 4.2 zusammengefasst. Dabei gibt die Variable „Status“ an, ob eine Person verstorben ist (Wert 1) oder überlebt hat (Wert 0). Die Überlebenszeit ist in Wochen angegeben.

Tabelle 4.3: Datensatz der Überlebenszeiten von 20 Patienten

Patient	Überlebenszeit	Status	Gruppe
1	30	1	A
2	60	1	A
3	70	0	A
4	90	1	A
5	120	0	A
6	180	1	A
7	210	0	A
8	270	1	A
9	330	0	A
10	360	0	A
11	60	1	B
12	70	0	B
13	90	1	B
14	150	0	B
15	180	0	B
16	200	0	B
17	210	1	B
18	270	0	B
19	300	0	B
20	360	0	B

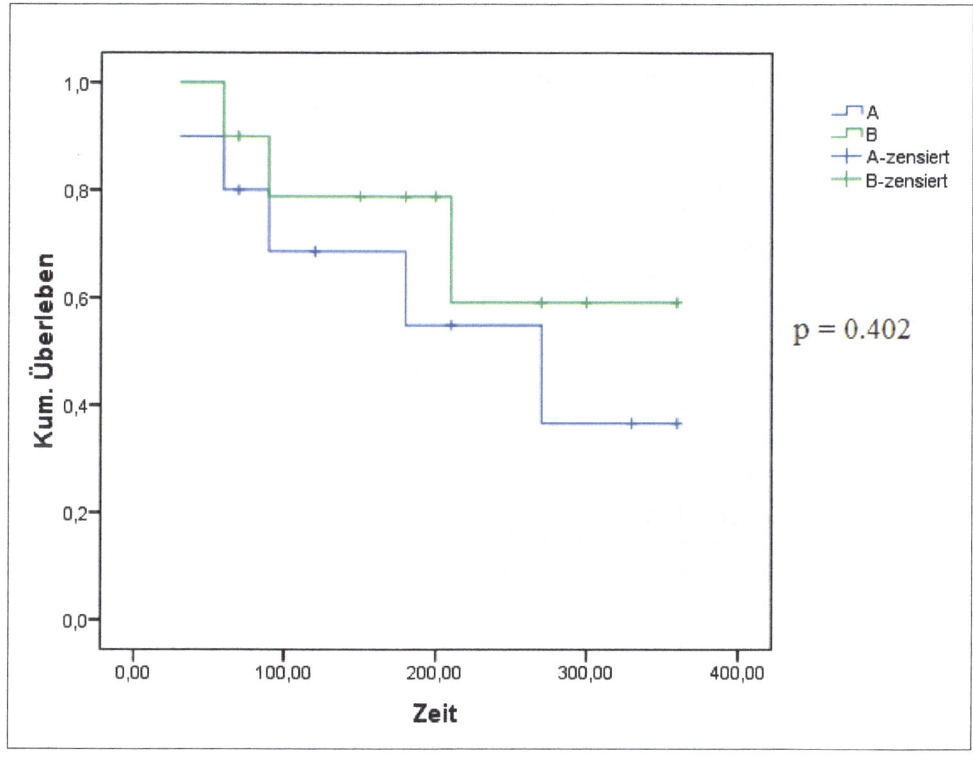

Abbildung 4.2: Kaplan-Meier-Kurve für die untersuchten Gruppen

Interpretation:

Der p-Wert des Log-Rank-Tests beträgt 0,402. Obwohl die Patienten der Gruppe B tendenziell länger überleben, konnte kein signifikanter Unterschied hinsichtlich der Überlebenszeiten beim Vergleich der beiden Gruppen aufgezeigt werden.

4.3 Cox-Regression

Prinzip:

Während der Log-Rank-Test ein Signifikanztest ist, der die Gleichheit von zwei oder mehreren Kaplan-Meier-Kurven hinsichtlich einer unabhängigen

Variable (bspw. Therapieart) überprüft, erfasst die Cox-Regression den gleichzeitigen Einfluss mehrerer unabhängiger Variablen (**Kovariaten**) auf die Ereigniszeit. Es können bspw. neben der Therapieart auch das Geschlecht, das Alter oder der Metastasenstatus hinsichtlich der Ereigniszeit berücksichtigt werden. Die Kovariaten können dabei kategorial (bspw. Geschlecht) oder metrisch (bspw. Alter) sein. Ferner kann mit der Cox-Regression auch die Effektstärke der jeweiligen Kovariate quantifiziert werden, indem das **Hazard-Ratio** für den Prädiktor bestimmt wird.

Das **Hazard** ist die **momentane „Sterberate"** für eine Gruppe von Patienten. Diese kann näherungsweise durch folgende Formel bestimmt werden.

$$h(t) \approx \frac{\frac{Anteil\, der\, Personen\, mit\, dem\, Ereignis\, während\ (t_1 < t \leqslant t_1 + \Delta)}{\Delta}}{Anteil\, der\, Personen\, unter\, Risiko\, zum\, Zeitpunkt\ t_1}$$

Zum Vergleich der Gruppen wird das Hazard-Ratio (HR) als Quotient der jeweiligen Hazardfunktionen bestimmt.

$$Hazard - Ratio = \frac{h_2(t)}{h_1(t)}$$

Das Ereignisrisiko in der Gruppe 2 ist größer als in der Gruppe 1, falls das HR größer als 1 ist. Bei einem HR von 1 kann davon ausgegangen werden, dass das Ereignisrisiko der beiden Gruppen gleich ist. Es ist zu berücksichtigen, dass das so ermittelte HR ein deskriptiver Parameter ist, sodass mit der Inferenzstatistik zu prüfen ist, ob das HR der Grundgesamtheit, aus der die beiden Gruppen entstammen, signifikant von 1 verschieden ist. Zu diesem Zweck werden **Konfidenzintervalle** für das HR der Gesamtheit bestimmt. Falls das Intervall den Wert 1 enthält, gibt es hinsichtlich des Ereignisrisikos keine signifikanten Unterschiede zwischen den untersuchten Gruppen.

Vorgehensweise:

Mit der Cox-Regression berechnet man für jede geprüft Kovariate das HR, das Konfidenzintervall für das HR sowie den p-Wert für die Prüfung der Nullhypothese H_0: HR = 1. Falls der p-Wert einen signifikanten Effekt anzeigt ($p < 5\,\%$), kann von einem Einfluss der untersuchten Kovariate auf die Ereigniszeiten der Gruppen ausgegangen werden. Ein signifikanter Einfluss kann auch anhand des Konfidenzintervalls erkannt werden, sofern die 1 nicht zu dem bestimmten Intervall gehört.

Voraussetzungen:

Die Cox-Regression setzt voraus, dass das HR im Zeitverlauf annähernd konstant ist. Man spricht auch von der **„proportional Hazards Annahme“**. Vereinfachend kann diese Voraussetzung als gegeben angenommen werden, wenn sich die Kaplan-Meier-Kurven nicht überschneiden.

Beispielaufgabe:

In der HIT'91-Studie wurden bei 280 Kindern und Jugendlichen mit Medulloblastom zwei Therapieverfahren vergleichend angewendet. Eine Gruppe erhielt eine Chemotherapie vor und nach einer Bestrahlung („Sandwich-Therapie“), während bei der zweiten Gruppe sofort eine Bestrahlung mit nachfolgender Chemotherapie angewendet wurde („Erhaltungstherapie“).

Bei der Auswertung der Überlebenszeiten wurden mit einer Cox-Regression, zusätzlich zum Einfluss der Therapieart, die Kovariaten „Metastasenstatus“ und „Alter der Patienten bei der Diagnosestellung“ erfasst. Die Ergebnisse dieser Analyse sind in der folgenden Tabelle zusammengefasst.

Tabelle 4.4: Ergebnisse der Cox-Regression der HIT'91-Studie*

	n	HR	95 %-KI	p
Metastasenstatus bei Diagnosestellung				
M0	114			
M1	33	2,11	1,13-3,94	
M2/3	40	3,06	1,76-5,33	
unbekannt	93	1,54	0,94-2,52	0,001
Therapieart				
Erhaltungstherapie	127			0,006
Sandwich-Therapie	153	1,73	1,17-2,67	
Alter bei der Diagnose	280	0,93	0,88-0,98	0,005

* Quelle: Hoff, K. et al.: Long-term outcome and clinical prognostic factors in children with medulloblastoma treated in the prospective randomised multicentre trial HIT'91. EJC 2009; 45: 1209–17.

Interpretation der Ergebnisse:

Therapieart:

Es konnte eine HR von 1,73 nachgewiesen werden, und zwar mit einem signifikanten Ergebnis der Inferenzanalyse. Die HR der Gesamtheit unterscheidet sich also signifikant von 1 (p=0,006) mit einer Effektstärke von 1,73. Da die Gruppe mit der Therapieart „Erhaltungsdosis“ als Referenzgruppe gewählt wurde, kann somit festgestellt werden, dass Kinder, bei denen eine Sandwich-Therapie angewendet wurde, ein 1,73-fach höheres Sterberisiko im Vergleich zu Kindern mit einer Erhaltungstherapie haben.

Metastasenstatus:

Als Referenzgruppe wurden Patienten mit einem Metastasenstatus von M0 gewählt. Die Kovariate „Metastasenstatus“ hat eine signifikante Vorhersagekraft auf die Überlebenszeit (p=0,001). Kinder mit dem Status M2/3 haben bspw. ein um 206 % erhöhtes Sterberisiko im Vergleich zu Kindern mit dem Status M0.

Alter:

Die HR gibt bei stetigen Kovariaten an, um wie viel sich das Sterberisiko verändert, wenn der Wert der Kovariate um eine Einheit zunimmt. Im gegebenen Fall konnte ein signifikanter Einfluss des Alters auf das Sterberisiko aufgezeigt werden (p=0,005). Die Effektstärke beträgt hier 0,93. Diese HR sagt aus, dass mit jedem Jahr, um das der Patient bei der Diagnosestellung älter ist, das Sterberisiko um 7 % gesenkt wird.

Kapitel 5

Regressionsanalyse

Nach der Bearbeitung dieser Lektion werden Sie wissen, ...

- bei welchen Fragestellungen die multiple lineare Regression angewendet wird;
- dass die logistische Regression Wahrscheinlichkeiten für binäre Variablen schätzt;
- dass die Intraklassenkorrelation und Kendall W die Rater-Reliabilität quantifizieren.

Aus der Praxis:

Ordnen Sie den folgenden Fragestellungen den passenden statistischen Test zu.

a. Wie beeinflusst die Abiturnote und die Vorbereitungszeit das Ergebnis (Punktezahl) eines Tests für die Zulassung zum Medizinstudium?

b. Wie beeinflusst die Aufnahme von Ballststoffen, die sportliche Aktivität (in Minuten pro Woche) und der Zigarettenkonsum die Wahrscheinlichkeit für das Auftreten von Darmkrebs?

c. Gibt es eine Untersucherabhängigkeit bei einer neuen Methode der Schilddrüsenvolumetrie, im Vergleich mit einer konventionellen 2D-Ultraschallmethode?

Statistischer Test:

d. Intraklassenkorrelation

e. Multiple lineare Regression

f. Binär logistische Regression

Welche Kombination von Zuordnungen ist richtig?

[A] af; be; cd

[B] ae; bf; cd

[C] ad; bf; ce

5.1 Multiple lineare Regression

Prinzip:

Die multiple Regressionsanalyse untersucht den Zusammenhang mehrerer unabhängiger Variablen **(Prädiktoren)** auf eine abhängige Variable **(Kriterium)**. Da es bei den meisten medizinischen Fragestellungen zahlreiche Ursachen für eine geprüfte Wirkung gibt, handelt es sich um eine wichtige Erweiterung der einfachen linearen Regression (s. Kap. 1.4 ab Seite 18).

Die Regressionsanalyse wird verwendet, um Zusammenhänge quantitativ zu erklären **(Ursachenanalyse)** sowie Werte der abhängigen Variable zu prognostizieren **(Wirkungsprognose)**. Es ist zu berücksichtigen, dass mit der Regressionsanalyse aufgezeigte Kausalzusammenhänge theoretisch begründet sein müssen.

Voraussetzungen:

Die unabhängigen und abhängigen Variablen müssen ein **metrisches**, mindestens intervallskaliertes Skalenniveau besitzen. Es können auch kategoriale Variablen im Modell berücksichtigt werden, indem für dichotome Variablen Dummy-Variablen konstruiert werden (bspw. Geschlecht: 0 = weiblich und 1 = männlich).

Es wird ein **linearer Zusammenhang** zwischen Prädiktoren und Kriterium unterstellt. Die Residuen, also die Unterschiede zwischen den gemessenen und den geschätzten Werten, sollen normalverteilt sein. Sie müssen zufällig auftreten, ohne dass ein Muster erkennbar ist.

Diese Homogenität der Residuenvarianz wird **Homoskedastizität** genannt. Wenn ein bestimmtes Muster der Residuen nachweisbar ist, spricht man von Heteroskedastizität, die ausgeschlossen werden muss. Es soll keine starke Korrelation zwischen den unabhängigen Variablen vorliegen **(Prüfung auf Multikollinearität)**, damit der Einfluss der einzelnen Prädiktoren auf das Kriterium sicher quantifiziert werden kann.

Vorgehensweise:

Die multiple Regressionsanalyse basiert wie die einfache lineare Regression auf der „Methode der kleinsten Quadrate“ (s. Kap. 1.4 ab Seite 18). Das Regressionsmodell wird mit folgender Funktion beschrieben:

$$y_i = b_0 + b_1 \cdot x_{i1} + b_2 \cdot x_{i2} + ... + b_k \cdot x_{ik} + \varepsilon_i$$

y_i: Wert der abhängigen Variable (Regressand) der Beobachtungseinheit i

x_k: Prädiktor k

b_k: Regressionskoeffizient des Prädiktors x_k

ε_i: Fehler- bzw. Störvariable der Beobachtungseinheit i

Man bestimmt die Modellparameter so, dass die Summe der quadrierten Abweichungen der beobachteten Werte von den durch das Modell vorhergesagten Werten möglichst klein wird (Ziel: Störvarianz minimieren). Man erhält als Ergebnis dieser Extremwertbetrachtung folgende Regressionsfunktion:

$$\widehat{y} = b_0 + b_1 \cdot x_1 + b_2 \cdot x_2 + ... + b_k \cdot x_k$$

Der Regressionskoeffizient b_k des Prädiktors x_k besagt, dass sich der Schätzer $\widehat{y}$ um b_k verändert, wenn der Wert des Prädiktors um eine Einheit vergrößert wird, und zwar unter der Annahme, dass alle anderen Prädiktoren konstant sind (ceteris paribus).

Ein direkter Vergleich der Regressionskoeffizienten hinsichtlich ihrer Vorhersagekraft für das Kriterium ist meist nicht möglich, da die Prädiktoren häufig unterschiedliche Einheiten aufweisen.

Daher wird ein Regressionsmodell mit **standardisierten Werten** verwendet, bei dem ein direkter Vergleich der Regressionkoeffizienten möglich ist:

$$z(y)_i = \beta_0 + \beta_1 \cdot x_{i1} + \beta_2 \cdot x_{i2} + ... + \beta_k \cdot x_{ik} + \varepsilon_i$$

$z(y)_i$: standardisierte Werte des Kriteriums der Beobachtungseinheit i

β_k: standardisierter Regressionskoeffizient des Prädiktors x_k

Die standardisierten Regressionskoeffizienten β_k sind dimensionslos und damit vergleichbar. Der Prädiktor mit dem höchsten β-Wert hat die größte Vorhersagekraft für die abhängige Variable. Die standardisierten Regressionskoeffizienten lassen sich auch mit den nichtstandardisierten Regressionskoeffizienten berechnen.

$$\beta_j = b_j \cdot \frac{s_{x_j}}{s_y}$$

b_i: Regressionskoeffizient des Prädiktors j

s_{xj}: Standardabweichung der unabhängigen Variable x_j

s_y: Standardabweichung der abhängigen Variable y

Vergrößert sich der Wert der unabhängigen Variable um eine Standardabweichung (s_{xj}), so wird der Schätzer $\widehat{y}$ um β Standardabweichungen ($\beta \cdot s_y$) verändert (ceteris paribus).

Die Modellgüte wird wie bei der einfachen linearen Regression durch das **Bestimmtheitsmaß (R-Quadrat)** quantifiziert (s. Kap. 1.4 ab Seite 18). Bei der multiplen linearen Regression muss allerdings berücksichtigt werden, dass das R-Quadrat durch die Anzahl der Prädiktoren beeinflusst wird. Auch wenn ein zusätzlicher Prädiktor im Modell keinen Erklärungswert hat, wird das R-Quadrat größer.

Daher wird das R-Quadrat in Abhängigkeit von der Anzahl der Prädiktoren und des Stichprobenumfangs nach unten korrigiert und als sog. „korrigiertes R-Quadrat" berechnet:

$$r^2_{korr} = 1 - \frac{n-1}{n-k} \cdot (1 - r^2)$$

n: Anzahl der Beobachtungen

k: Anzahl der Prädiktoren (Regressoren)

$1 - r^2$: Anteil der nicht erklärten Varianz an der Gesamtvarianz des Kriteriums

Um nicht nur deskriptiv die Anpassungsgüte der Regressionsfunktion an die empirischen Daten festzustellen, sondern auch die Signifikanz des Regressionsmodells in der Grundgesamtheit nachzuweisen, wird ein **F-Test** durchgeführt. Es soll mit der Inferenzstatistik geklärt werden, ob mindestens einer der Prädiktoren das Kriterium signifikant erklärt. Die Prüfgröße wird folgendermaßen berechnet:

$$F = \frac{\frac{r^2}{K}}{\frac{1-r^2}{n-K-1}}$$

n: Anzahl Beobachtungen

K: Anzahl der Prädiktoren

Diese Prüfgröße gibt unter Berücksichtigung der Freiheitsgrade das Verhältnis zwischen erklärter (Freiheitsgrade K) und nicht erklärter (Freiheitsgrade $n - K - 1$) Varianz an. Die Nullhypothese dieses F-Tests besagt, dass alle Regressionskoeffizienten in der Grundgesamtheit Null sind. Bei einem insignifikanten Testergebnis ist keine weitere Inferenzstatistik mehr erforderlich, da für keinen Prädiktor ein Erklärungswert für das Kriterium nachweisbar war. Bei einem signifikanten Ergebnis der F-Statistik kann man davon ausgehen, dass mindestens ein Prädiktor das Kriterium signifikant vorhersagt.

Um nun zu prüfen, welche Regressionskoeffizienten signifikant von Null verschieden sind, wird für jeden Koeffizienten eine **t-Test** durchgeführt:

Nullhypothese (H_0): $\beta_K = 0$ gegen H_1: $\beta_K \neq 0$

Teststatistik: $T_K = \frac{\widehat{\beta}_k - 0}{s_{\beta_K}}$ mit $s_{\beta_K} = Standardfehler von \widehat{\beta}_K$

Verteilung unter $H_0 : T_K \sim t_{n-K-1}$

Testentscheidung: H_0 wird abgelehnt, falls $| T_K |> t_{n-K-1,1-\alpha/2}$

Beispielaufgabe:

In einer Querschnittsstudie soll mit der multiplen linearen Regression geprüft werden, ob es einen Zusammenhang zwischen „Aufschiebeverhalten (Prokastrination) im Beruf" und Depressionen, bestimmten Persönlichkeitsmerkmalen (bspw. Gewissenhaftigkeit und Neurotizismus) sowie dem Alter der Befragten gibt. Ferner soll geklärt werden, welcher Prädiktor den höchsten Erklärungswert für das Kriterium „Prokastrination" besitzt. Da Konstrukte wie Prokastrination oder Gewissenhaftigkeit nicht direkt messbar sind, wurden für diese Merkmale mit Hilfe von Fragebögen Skalenindizes ermittelt, die als intervallskaliert bewertet werden können. In der Tabelle 5.1 ist ein Auszug des analysierten Datensatzes dargestellt.

Tabelle 5.1: Beispieldaten zur multiplen linearen Regression

CASE	Aufschieben	Depression	Gewissenhaftigkeit	Alter
1	48	20	12	41
2	54	36	15	32
3	59	43	14	46
4	28	17	17	37
5	58	37	14	32
6	67	51	10	46
...				
43	46	23	16	46
44	54	18	15	41
45	25	23	20	37

Lösung:

1. Prüfen der Voraussetzungen

Linearität des Zusammenhangs:

Es wird für die multiple lineare Regression ein linearer Zusammenhang zwischen der abhängigen Variable und jeder unabhängigen Variable postuliert. Die Streudiagramm-Matrix (s. Abb. 5.1) zeigt bivariate lineare Zusammenhänge zwischen dem Kriterium und den Prädiktoren „Depression" und „Gewissenhaftigkeit", wobei der Zusammenhang im Fall der Variable „Gewissenhaftigkeit" negativ ist. Beim Prädiktor „Alter" scheint der Zusammenhang weniger eindeutig zu sein.

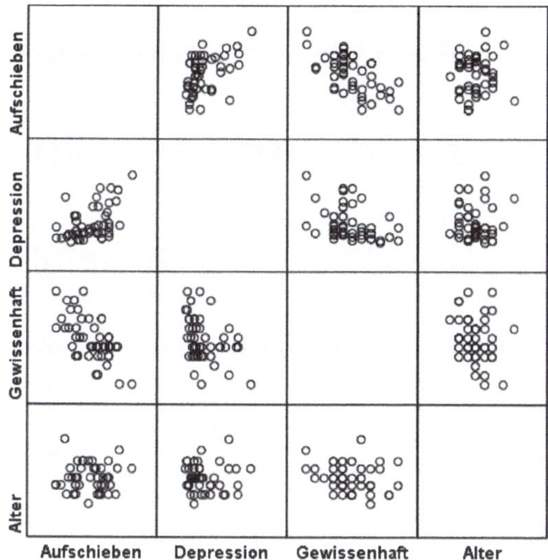

Abbildung 5.1: Linearer Zusammenhang zwischen den Variablen

Normalverteilung der Residuen:

Die Residuen sollen näherungsweise normalverteilt sein, wobei die Beurteilung visuell auf der Grundlage eines Histogramms der standardisierten Residuen erfolgt (s. Abb. 5.2).

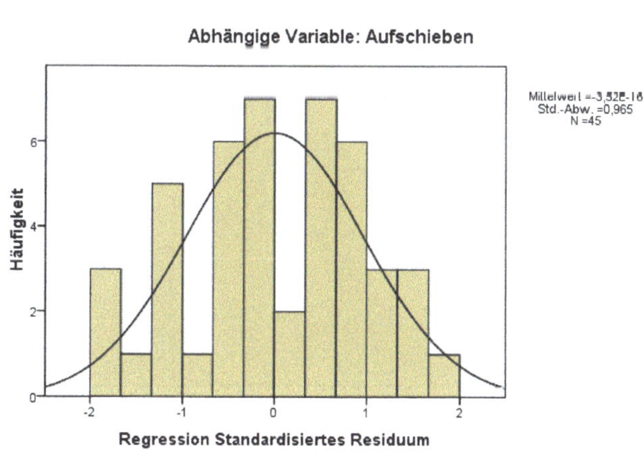

Abbildung 5.2: Verteilung der Residuen

Im gegebenen Fall wird eine Abweichung von der Normalverteilung aufgezeigt, was problematisch sein könnte. In diesem Beispiel wird die Abweichung der Residuen von der Normalverteilung vernachlässigt.

Prüfen auf Multikollinearität der unabhängigen Variablen:

Die sog. „Toleranz des i-ten R^2“ berücksichtigt das Bestimmtheitsmaß, das sich ergibt, wenn die i-te unabhängige Variable durch die anderen unabhängigen Variablen erklärt würde (Faustformel: Toleranz $(1 - R_i^2 > 0,1)$. Der „Variance Inflation Factor (VIF)“ ist der Kehrwert des Toleranzwertes (Faustformel: VIF sollte < 10). Die Kollinearitätsstatistik zeigt in diesem Beispiel Toleranzwerte von maximal 0,941 und VIF-Werte von maximal 1,257, sodass keine oder eine unbedeutende Multikollinearität vorliegt (s. Tab. 5.3).

Prüfen auf Heteroskedastiziät:

In der nachfolgend dargestellten Abbildung 5.3 sind auf der x-Achse die standardisierten Schätzwerte des Kriteriums und auf der y-Achse die standardisierten Residuen aufgetragen. Bei Heteroskedastizität muss ein Zusammenhang zwischen beiden Variablen nachweisbar sein. Da dies im gegeben Fall grafisch nicht nachweisbar ist (s. Abb. 5.3), kann von einer Homogenität der Residuenvarianz ausgegangen werden.

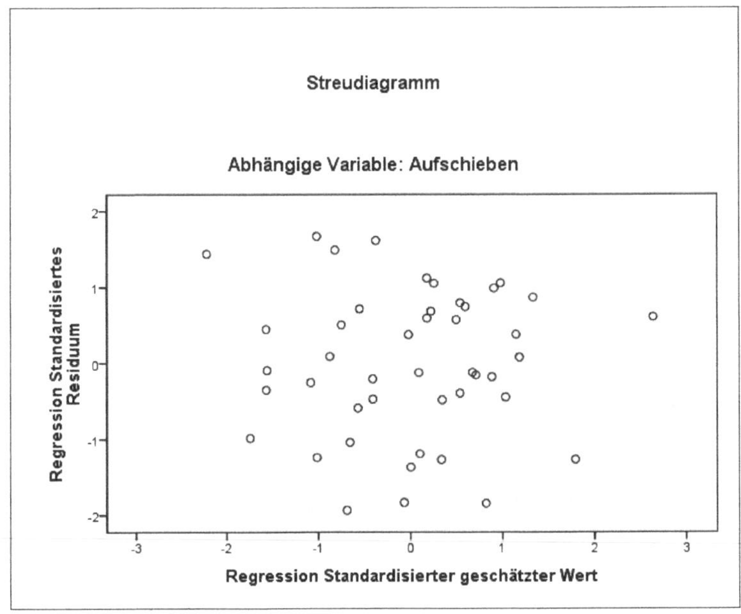

Abbildung 5.3: Prüfung auf Heteroskedastizität

2. Signifikanz des Regressionsmodells:

Der Globaltest des Regressionsmodell überprüft, ob insgesamt ein Erklärungsbeitrag durch die Prädiktoren in der Grundgesamtheit geleistet wird.

Die F-Statistik liefert in diesem Beispiel einen Wert von 12,016 (s. Tab. 5.2) und zeigt, dass mindestens eine unabhängige Variable das Kriterium signifikant vorhersagt ($p < 0,001$).

Tabelle 5.2: F-Test als Globaltest zur Verifizierung des Modells (SPSS-Ausgabe)

ANOVA[b]

Modell		Quadratsumme	df	Mittel der Quadrate	F	Signifikanz
1	Regression	2055,805	3	685,268	12,016	,000[a]
	Residuen	2338,195	41	57,029		
	Gesamt	4394,000	44			

a. Einflußvariablen : (Konstante), Alter, Depression, Gewissenhaft

b. Abhängige Variable: Aufschieben

3. Signifikanz der Regressionskoeffizienten:

Die Ergebnisse der T-Test-Statistik zeigen, dass die Regressionskoeffizienten für die beiden Prädiktoren „Depression" und „Gewissenhaftigkeit" signifikant von Null verschieden sind, während die Variable „Alter" keinen signifikanten Vorhersagewert bezüglich des Kriteriums besitzt ($p = 0,569$). Der Test ist für die Variable „Gewissenhaftigkeit" hochsignifikant (p-Wert < 0,001) und für die Variable Depression signifikant (p-Wert = 0,036) (s. Tab. 5.3). Damit haben diese Variablen einen Vorhersagewert für die abhängige Variable „Aufschieben". Die β-Koeffizienten zeigen, dass die Variable Gewissenhaftigkeit (β = - 0,54) den größeren Einfluss und damit auch den höheren Vorhersagewert bzgl. des Aufschiebeverhaltens hat. Das negative Vorzeichen des β-Koeffizienten deutet an, dass eine hohe Ausprägung bei diesem Persönlichkeitsmerkmal mit einer geringeren Tendenz zum Aufschieben von Aufgaben im Beruf assoziiert ist, während eine starke Ausprägung beim Merkmal „Depression" das Aufschiebeverhalten begünstigt, da hier ein positiver β-Koeffizient nachweisbar ist.

Tabelle 5.3: T-Statistik der Regressionskoeffizienten (SPSS-Ausgabe)

Koeffizienten[a]

Modell		Nicht standardisierte Koeffizienten		Standardisierte Koeffizienten			95%-Konfidenzintervall für B		Kollinearitätsstatistik	
		B	Standardfehler	Beta	T	Signifikanz	Untergrenze	Obergrenze	Toleranz	VIF
1	(Konstante)	73,937	13,103		5,643	,000	47,474	100,399		
	Depression	,297	,137	,271	2,173	,036	,021	,574	,837	1,194
	Gewissenhaft	-2,246	,531	-,540	-4,227	,000	-3,319	-1,173	,796	1,257
	Alter	-,093	,161	-,067	-,575	,569	-,418	,233	,941	1,063

a. Abhängige Variable: Aufschieben

4. Modellgüte und Effektstärke:

Die Modellgüte kann durch das korrigierte $R^2 = 0{,}429$ quantifiziert werden (s. Tab. 5.4). Es werden also 42,9 % der Gesamtstreuung des Kriteriums „Aufschieben" durch das Modell erklärt.

Tabelle 5.4: Modellgüte und korrigierte R^2

Modellzusammenfassung[b]

Modell	R	R-Quadrat	Korrigiertes R-Quadrat	Standardfehler des Schätzers
1	,684[a]	,468	,429	7,552

a. Einflußvariablen : (Konstante), Alter, Depression, Gewissenhaft

b. Abhängige Variable: Aufschieben

Das korrigierte R^2 kann zur Ermittlung der Effektstärke „f^2" nach Cohen verwendet werden.

$$f^2 = \frac{R^2_{korr}}{1 - R^2_{korr}} = 0,751$$

Nach Cohen gilt folgende Einteilung hinsichtlich der Stärke des Effekts

schwacher Effekt: $f^2 = 0,02$

mittlerer Effekt: $f^2 = 0,15$

starker Effekt: $f^2 = 0,35$

Eine Effektstärke von 0,751 entspricht also einem starken Effekt.

5.2 Binär logistische Regression

Prinzip:

Bei der binär logistischen Regression soll wie bei der multiplen linearen Regression der Zusammenhang zwischen mehreren unabhängigen Variablen und einer abhängigen Variable untersucht werden. Allerdings gibt es bei der binär logistischen Regression nur zwei Merkmalsausprägungen für die abhängige Variable. Diese ist also **dichotom**. Die beiden Merkmalsausprägungen sind „0" und „1". Es wird analysiert, ob die unabhängigen Variablen einen Einfluss auf die **Wahrscheinlichkeit** haben, dass die abhängige Variable den Wert „1" annimmt. Nachgewiesene Kausalzusammenhänge müssen wie bei der multiplen linearen Regression theoretisch begründet sein.

Voraussetzungen:

Die abhängige Variable ist binär (0-1 codiert). Die unabhängigen Variablen sollen metrisch sein. Kategoriale Prädiktoren können allerdings ebenfalls, als Dummy-Variablen codiert, in die Analyse aufgenommen werden. Die unabhängigen Variablen sollten untereinander nicht hoch korreliert sein. Die Gruppen, die durch die kategorialen Prädiktoren festgeschrieben werden, sollten einen Stichprobenumfang von jeweils mindestens 25 aufweisen.

Vorgehensweise:

Folgende logistische Funktion ist bei der binär logistischen Regression die Basis für das statistische Modell.

$$P(y = 1) = \frac{1}{1 + e^{-z}}$$

$P(y = 1)$: Wahrscheinlichkeit, dass die abhängige Variable y den Wert 1 annimmt

z: Logit

Der sog. „Logit" z ist eine nicht empirisch beobachtbare latente Variable und stellt dabei ein lineares Regressionsmodell folgender Form dar:

$$z = \beta_0 + \beta_1 \cdot x_1 + \beta_2 \cdot x_2 + ... + \beta_k \cdot x_k + \varepsilon$$

mit:

x_k: Prädiktoren

β_k: Regressionskoeffizienten

ε: Fehlerwert

Die Interpretation der Regressionskoeffizienten ist bei der logistischen Regression komplexer als bei der multiplen linearen Regression, wobei das Vorzeichen des Koeffizienten ähnlich interpretiert werden kann. Ein positives Vorzeichen des Regressionskoeffizienten bedeutet, dass eine Zunahme des Prädiktorwertes eine Zunahme der Wahrscheinlichkeit für das Ereignis $y = 1$ bewirkt. Zur genaueren Quantifizierung des Zusammenhangs zwischen Pädiktor und abhängiger Variable werden Odds, also die Chance das Ereignis $y = 1$ im Vergleich zum Ereignis $y = 0$ zu erhalten, berechnet:

$$Odds = \frac{P(y=1)}{1 - P(y=1)}$$

Die Bestimmung von „Odds Ratios" ermöglicht schließlich eine genaue quantitative Interpretation der Regressionskoeffizienten:

$$Odds\,Ratio = \exp(B) = e^{\beta} = \frac{Odds\,nach\,dem\,Anstieg\,des\,Prädiktorwertes\,um\,1}{Odds\,vor\,dem\,Anstieg\,des\,Prädiktorwertes\,um\,1}$$

Die Odds Ratio eines Prädiktors gibt also an, um welchen Faktor sich die Odds verändert, wenn der Prädiktorwert um eine Einheit vergrößert wird (ceteris paribus). Dabei lassen sich folgende Fälle unterscheiden:

$\beta > 0 \rightarrow e^{\beta} > 1 \rightarrow P(y = 1)$ nimmt zu

$\beta = 0 \rightarrow e^{\beta} = 1 \rightarrow P(y = 1)$ bleibt gleich

$\beta < 0 \rightarrow 0 < e^{\beta} < 1 \rightarrow P(y = 1)$ nimmt ab

Die Signifikanz des logistischen Regressionsmodells wird mit dem Chi-Quadrat-Test als Globaltest und mit dem Wald-Test zur Überprüfung der Regressionskoeffizienten erfasst.

Beispielaufgabe:

Eine Universität stellt zunehmende Abbrecherquoten im ersten Semester fest und möchte statistisch prüfen, welche Faktoren die Wahrscheinlichkeit für einen Abbruch des Studiums beeinflussen. Mit einer binär logistischen Regression (1=Erfolg, 0=Versagen) sollen dabei die Prädiktoren „Alter des Studenten zu Beginn des Studiums", „Jahreseinkommen der Eltern" und „Abiturnote" überprüft werden. Die unabhängigen Variablen sind untereinander nicht hoch korreliert. Die Rohdaten sind auszugsweise in der Tabelle 5.5 dargestellt.

Tabelle 5.5: Beispieldaten zur binär logistischen Regression

CASE	Erfolg (y=1)	Alter	Jahresgehalt (in Tsd)	Abiturnote (Punkte)
1	1	19	90,5	15
2	0	25	73	14
3	1	25	74,3	12
4	1	20	73,6	10
5	1	18	109	13
6	0	18	93	14
...				
697	0	18	59	12
698	1	20	75	10
699	0	18	58,7	14

Lösung:

1. *Signifikanz des Regressionsmodells:*

Der Chi-Quadrat-Test zur Überprüfung des Regressionsmodells als Ganzes liefert ein signifikantes Ergebnis ($p < 0,001$) (s. Tab. 5.6).

Tabelle 5.6: Verifizierung des logistischen Modells (SPSS-Ausgabe)

Omnibus-Tests der Modellkoeffizienten

		Chi-Quadrat	df	Sig.
Schritt 1	Schritt	85,940	3	,000
	Block	85,940	3	,000
	Modell	85,940	3	,000

Mindestens einer der Prädiktoren liefert also einen signifikanten Beitrag bei der Modellanpassung.

2. *Signifikanz der Regressionskoeffizienten:*

Neben der Überprüfung des Gesamtmodells (Modell-Chi²) muss analysiert werden, welche Prädiktoren für das statistisch signifikante Modell verantwortlich sind (s. Tab. 5.7).

Tabelle 5.7: Regressionskoeffizienten der binär logistischen Regression (SPSS)

Variablen in der Gleichung

		Regressionskoeffizient B	Standardfehler	Wald	df	Sig.	Exp(B)	95,0% Konfidenzintervall für EXP(B)	
								Unterer Wert	Oberer Wert
Schritt 1	alter	-,060	,028	4,513	1	,034	,942	,892	,995
	gehalt	,064	,008	66,913	1	,000	1,066	1,050	1,082
	Abiturnote	-,005	,063	,007	1	,931	,995	,879	1,126
	Konstante	-2,950	,959	9,462	1	,002	,052		

Die logistische Regressionsgleichung lautet:

Logit = -2,95 - 0,005 · Abiturnote + 0,064 · Gehalt - 0,06 · Alter

Die Regressionskoeffizienten sind im Anwendungszusammenhang schlecht interpretierbar, da es sich hier um Logits handelt, sodass die Beurteilung des Prädiktorerklärungswertes mit den Odds Ratios (Exp(B)) erfolgt. Die statistische Absicherung des Erklärungswertes der Prädiktoren erfolgt über den Wald-Test, der dem t-Test äquivalent ist. Im gegebenen Fall kann der Einfluss der „Abiturnote" nicht gegen den Zufall abgesichert werden ($p = 0,931$). Der Einfluss des „Alters" ($p = 0,034$) und des „Jahresgehalts der Eltern" ($p < 0,001$) kann hingegen statistisch signifikant abgesichert werden. Steigt das Einkommen der Eltern des Studenten um eine Einheit (1 000 EUR), so steigt die relative Wahrscheinlichkeit, dass ein Student im ersten Semester nicht abbricht, um 6,6 %. Für den Prädiktor „Alter" ist Exp(B) < 1. Das bedeutet: Mit jedem zusätzlichen Lebensjahr, das ein Student zu Beginn des Studiums älter ist, sinkt die relative Wahrscheinlichkeit, dass das Studium im ersten Semester nicht abgebrochen wird um 5,8 %.

5.3 Intraklassenkorrelation

Prinzip:

Die Intraklassenkorrelation (ICC) ist ein parametrisches Maß für die Quantifizierung einer **Beobachterübereinstimmung** (Beobachter: Instrumente, Untersuchungen, Rater) bezüglich mehrerer Beobachtungseinheiten. Man spricht in diesem Zusammenhang auch von der **Interrater-Reliabilität**. Die ICC kann im Gegensatz zur Produkt-Moment-Korrelation nach Pearson auch bei mehr als zwei Beobachtern angewendet werden. Im medizinischen Bereich kann dies Maßzahl bspw. hilfreich sein, um zu überprüfen, ob neuartige Methoden hinsichtlich ihrer Messergebnisse stark von den Untersuchern abhängig sind.

Voraussetzungen:

Die Bestimmung des ICC setzt mindestens intervallskalierte und näherungsweise normalverteilte abhängige Variablen voraus. Bei den nominalen unabhängigen Variablen (Instrumente, Untersuchung, Beobachter, Rater) wird eine Varianzhomogenität gefordert, die mit dem Levene-Test nachgewiesen werden kann.

Vorgehensweise:

Die Bestimmung des ICC basiert auf einer **Varianzanalyse**, bei der die **Variablilität zwischen den untersuchten Fällen**, als Maß für die systematische Merkmalsvariation, und die Varianz innerhalb der Fälle, als Indikator für eine mangelnde Beobachterübereinstimmung, berechnet wird. Ist die **Varianz zwischen den Fällen** besonders groß und die Varianz innerhalb der Fälle klein, so spricht die für eine hohe Übereinstimmung der Beobachtungen. Man spricht hier auch von einer hohen **Konkordanz** bzw. hohen Rater-Reliabilität. Die hohe Konkordanz wird durch eine ICC in der Nähe von 1 verdeutlicht.

In diesem Fall kommen alle Beobachter zum gleichen Ergebnis, sodass eine perfekte Reliabilität vorliegt, während eine ICC von Null anzeigt, dass die Varianz zwischen den Fällen identisch ist mit der Varianz innerhalb der Fälle. Bei einer ICC=0 liegt also keine Reliabilität vor. Falls die Varianz zwischen den Fällen kleiner ist als die Varianz innerhalb der Fälle können auch negative Werte für die ICC vorkommen, wobei dies ein seltenes Ergebnis ist.

Die Berechnung der ICC berücksichtigt folgende Quotienten:

$$ICC = \frac{systematische\,Varianz}{Gesamtvarianz} = \frac{MS_{zwischen} - MS_{innerhalb}}{MS_{zwischen} + (k-1) \cdot MS_{innerhalb}}$$

Die Varianzen werden durch die folgenden durch die Freiheitsgrade relativierten Abweichungsquadrate geschätzt:

$$MS_{zwischen} = \frac{\sum_i (e_i - g)^2}{n-1}$$

$$MS_{innerhalb} = \frac{\sum_{ij} (x_{ij} - e_i)^2}{n \cdot (k-1)}$$

n: Anzahl der Fälle (Beobachtungseinheiten)

k: Anzahl der Beobachter

x_{ij}: beobachteter Wert des Beobachters j für den Fall i

e_i: Mittelwert des Falles i

g: Mittelwert aller Beobachtungswerte xij

Kendalls Konkordanzkoeffizient:

Falls ordinalskalierte (rangmäßige) abhängige Variablen vorliegen oder eine Normalverteilung der abhängigen Variable nicht nachweisbar war, kann der nichtparametrische Konkordanzkoeffizient Kendalls W ermittlet werden.

Der Konkordanzkoeffizient Kendalls W wird wie folgt berechnet:

Man bestimmt die Summe der quadratischen Abweichungen der für jeden beobachteten Fall ermittelten Rangsummen von der mittleren Rangsumme und dividiert dieses Ergebnis durch die maximale Summe dieser quadratischen Abweichung bei vollständiger Beobachterübereinstimmung.

$W = \frac{12 \cdot \sum_i^n (t_i - \bar{t})^2}{m^2 \cdot (n^3 - n)}$ mit $\bar{t} = \frac{1}{n} \cdot \sum_i^n t_i$

n: Anzahl der beobachteten Fälle

m: Anzahl der Beobachter

ti: Rangsumme für den Fall i

$\bar{t}$: mittlere Rangsumme

Beispielaufgabe:

Vier Medizinstudenten arbeiten in ihrer Freizeit als Produktetester für die Getränkeindustrie. Es sollen fünf neuartige nichtalkoholische Softdrinks hinsichtlich des Geschmacks verglichen werden, indem die Studenten eine Rangfolge für die getesteten Getränke aufstellen sollen (1 = Getränk mit dem besten Geschmack). Die Rohdaten sind in der Tabelle 5.8 zusammengefasst.

Tabelle 5.8: Rohdaten zur Konkordanzanalyse „Getränketester"

Student	Getränk					
	A (Vomy)	B (Spitty)	C (Okey)	D (Puke)	E (Squirty)	
Tim	2	3	1	4	5	
Tom	1	4	2	5	3	
Lisa	2	3	1	4	5	
Lea	1	2	3	5	4	
Rangsumme t_i	6	12	7	18	17	$\bar{t}$= 12
$(t_i - \bar{t})^2$	36	0	25	36	25	

Lösung:

Signifikanz des Konkordanztests:

Es konnte mit dem Chi-Quadrat-Test eine signifikante Konkordanz der Beurteilungen nachgewiesen werden ($p = 0,016$) (s. Tab. 5.9).

Tabelle 5.9: Inferenzstatistik zur Überprüfung der Rater-Reliabilität (SPSS)

Ränge

	Mittlerer Rang
A	1,50
B	3,00
C	1,75
D	4,50
E	4,25

Statistik für Test

N	4
Kendall-W[a]	,762
Chi-Quadrat	12,200
df	4
Asymptotische Signifikanz	,016

a. Kendalls Übereinstimmungskoeffizient

Berechnung des Konkordanzkoeffizienten Kendalls W:

$$W = \frac{12 \cdot (36 + 0 + 25 + 36 + 25)}{4^2 \cdot (5^3 - 5)} = 0,7625$$

Die Effektstärke ist mit $W = 0,7625$ hoch (maximaler Wert = 1), sodass von einer hohen Rater-Reliabilität auszugehen ist. Offenbar wird das Getränk „Okey"(C) von den Studenten bevorzugt, während die Getränke „Puke" (D) und „Squirty" (E) geschmacklich übereinstimmend weniger gut eingestuft wurden.

Kapitel 6

Risikomaße

Nach der Bearbeitung dieser Lektion werden Sie wissen, ...

- wie die epidemiologischen Maßzahlen Prävalenz und Inzidenz definiert sind;
- welche Maßzahlen für Risikovergleiche geeignet sind;
- wie eine Risikostratifizierung mit Score-Systemen durchgeführt wird.

Aus der Praxis:

Die Wahrscheinlichkeit des Auftretens einer Virusinfektion nach einer definierten Exposition (bspw. geselliger Abend bei Anwesenheit von bereits Infizierten) betrage 0,6.

Wie hoch ist die Odds der Virusinfektion unter Exposition?

[A] 1,5

[B] 0,4

[C] 0,6

[D] 1,2

6.1 Epidemiologische Beobachtungsgrößen

Zu den wichtigsten epidemiologischen Beobachtungsgrößen gehören die Prävalenz und die Inzidenz. Die **Prävalenz (Krankheitshäufigkeit)** ist die Anzahl der Individuen, die zu einem bestimmten Zeitpunkt an einer Krankheit leiden, im Verhältnis zur Zahl der Individuen in der Population zu diesem Zeitpunkt. Man bestimmt Prävalenzen für Krankheiten mit **Querschnittsstudien** (Prävalenzstudien), bei denen zu einem bestimmten Zeitpunkt die Zahl der Erkrankten in einer Population erfasst werden. Die **Inzidenz (Neuerkrankungshäufigkeit)** ist die Anzahl der Individuen, die in einem bestimmten Zeitraum an einer Krankheit erkranken, im Verhältnis zur Zahl der Individuen in der Population zu Beginn dieses Zeitraumes. Die Inzidenz wird mit **prospektiven Kohortenstudien** bestimmt. Die Ergebnisse aus retrospektiven Fall-Kontrollstudien oder Querschnittsstudien können hier nicht verwendet werden. Die **Mortalität** ist die Inzidenz für den Tod, während die **Letalität** die Inzidenz für den Tod ist, wenn bestimmte Krankheiten bereits eingetreten sind.

Unter einem **Risikofaktor** versteht man eine Eigenschaft, die mit einer Erhöhung des Krankheitsrisikos assoziiert ist. **Konstitutionelle** Risikofaktoren gelten dabei als nicht beeinflussbar (bspw. Geschlecht, Alter, Vererbung), während **externe** Risikofaktoren durch eine Modifikation des Lebensstils veränderbar sind (bspw. Rauchen, Adipositas).

6.2 Relatives Risiko und Odds Ratio

Der Zusammenhang zwischen den binären nominalen Merkmalen **„Exposition"** und **„Erkrankung"** lässt sich übersichtlich in einer Vierfeldertafel darstellen. (s. Tab. 6.1)

Tabelle 6.1: Kontingenztafel für die Berechnung von Risikomaßen

		Krankheit		
		Ja	Nein	
Exposition	Ja	a	b	$a+b$
	Nein	c	d	$c+d$
		$a+c$	$b+d$	$n=a+b+c+d$

Zur Quantifizierung des Zusammenhangs zwischen einer Exposition und einer Krankheit eignet sich die Berechnung des relativen Risikos oder der Odds Ratio.

Das **relative Risiko (RR)** berechnet sich als Quotient des Risikos bzw. der Inzidenz für eine Erkrankung bei Exposition, also $RE = a/(a+b)$, und dem Risiko für eine Erkrankung ohne Exposition, also $RN = c/(c+d)$.

$$RR = \frac{\frac{a}{a+b}}{\frac{c}{c+d}} = \frac{a \cdot (c+d)}{c \cdot (a+b)}$$

Das relative Risiko gibt an, um wie viel das Erkrankungsrisiko erhöht ist, wenn eine Exposition vorliegt. Vereinfachend kann man sagen, dass das relative Risiko die Vervielfachung der Inzidenz durch Exposition quantifiziert. Die absolute Risikodifferenz $RD = RE - RN$ wird **attributables Risiko** genannt und ist eine Maß für die Erhöhung der Inzidenz der Krankheit durch Exposition.

Die bedingte Wahrscheinlichkeit zu erkranken, wenn eine Exposition vorliegt $P = a/(a+b)$, im Verhältnis zur bedingten Wahrscheinlichkeit unter Exposition nicht zu erkranken $1 - P = b/(a+b)$, wird als die **Odds („Chance")** bezeichnet.

Die Odds gibt an, wie viel mal wahrscheinlicher eine Krankheit unter Exposition eintritt, als dass sie nicht eintritt. Die Odds lässt sich auch in gleicher Weise für die nicht Exponierten berechnen. Setzt man die Odds einer Krankheit unter Exposition ins Verhältnis zur Odds einer Krankheit ohne Exposition, so erhält man das **Odds Ratio OR („Chancenverhältnis")**. Das OR gibt an, wie viel mal größer die Chance ist zu erkranken, wenn man exponiert ist.

$$Odds_{Exposition} = \frac{\frac{a}{a+b}}{\frac{b}{a+b}} = \frac{a}{b}$$

$$Odds_{ohne Exposition} = \frac{\frac{c}{c+d}}{\frac{d}{c+d}} = \frac{c}{d}$$

$$Odds - Ratio = \frac{\frac{a}{b}}{\frac{c}{d}} = \frac{a \cdot d}{b \cdot c}$$

Das relative Risiko und die Odds Ratio können Werte zwischen 0 und ∞ annehmen. Dabei können die Werte wie folgt interpretiert werden:

$RR, OR > 1$: Die Exposition erhöht das Risiko bzw. die Chance, zu erkranken.

$RR, OR < 1$: Die Exposition wirkt präventiv.

$RR, OR = 1$: Die Exposition hat keinen Einfluss auf das Erkrankungsrisiko.

Das OR ist bei hohem Risiko immer größer als das RR, während bei niedrigem Risiko vergleichbar Werte resultieren. Ferner kann das RR nur für prospektive Studien (Kohortenstudien) sinnvoll interpretiert werden. Das OR ist als Risikomaß hingegen für retrospektive Studien (Fall-Kontroll-Studien) und prospektive Studien in gleicher Weise aussagekräftig.

Es ist zu berücksichtigen, dass es sich bei dem RR und dem OR um deskriptive Maßzahlen handelt, die man bei der Analyse von Stichprobenergebnissen erhält. Mit der **Inferenzstatistik** muss daher stets aufgezeigt werden, ob das tatsächliche aber unbekannte RR oder OR der **Gesamtpopulation** signifikant von 1 verschieden ist.

Hierzu können **Konfidenzintervalle** für die Risikomaße ermittelt werden, mit denen ein Wertebereich bestimmt wird, der mit einer vorgegebenen Wahrscheinlichkeit den Populationsparameter enthält. Dabei ist zu prüfen, ob der **Wert 1** in dem so bestimmten Intervall vorhanden ist. Ist dies der Fall, so ist das RR oder das OR der Population nicht signifikant von 1 verschieden. Falls der Wert 1 nicht in den Konfidenzintervallen vorkommt, kann das RR oder das OR der Stichprobe als **Schätzwert** oder **Effektstärke** des nicht bekannten Populationsparameters interpretiert werden.

Beispielaufgabe:

Bei einer prospektiven Studie zur Untersuchung des Risikos für einen Alkoholabusus bei Hochsensitivität (vererbte Disposition mit besonders empfindlicher Reaktion auf Reize) ergaben sich die in der folgenden Tabelle 6.2 zusammengefassten Resultate.

Tabelle 6.2: Vierfeldertafel zum Alkoholabusus bei Hochsensitivität

		Alkoholabusus		
		Ja	Nein	
Hochsensitivität	Ja	91	3	94
	Nein	113	6	119
		204	9	213

Berechnen Sie das relative Risiko und die Odds Ratio für Alkoholabusus bei Hochsensitivität und interpretieren Sie die Werte?

Lösung:

$$RR = \frac{91 \cdot (113 + 6)}{113 \cdot (91 + 3)} = 1,019$$

$$Odds - Ratio = \frac{91 \cdot 6}{3 \cdot 113} = 1,61$$

Risikoschätzer

	Wert	95%-Konfidenzintervall	
		Untere	Obere
OR	1,611	,392	6,618
RR	1,019	,965	1,077
Anzahl dor gültigen Fälle	213		

Abbildung 6.1: Konfidenzintervalle für das RR und das OR (SPSS-Ausgabe)

Interpretation:

Die Ergebnisse der deskriptiven Statistik lassen ein erhöhtes Risiko für einen Alkoholabusus bei Hochsensitivität vermuten ($RR = 1,019$; $OR = 1,611$). Allerdings zeigen die Ergebnisse der induktiven Statistik, dass diese Risikomaße nicht über den Zufall hinaus als signifikant abgesichert werden können. Die Konfidenzintervalle für das RR und das OR enthalten jeweils die 1 (s. Abb. 6.1). Insofern weichen die jeweiligen Populationsparameter nicht signifikant von 1 ab. Es ist also davon auszugehen, dass Hochsensitivität keinen Einfluss auf das Risiko für Alkoholabusus hat.

6.3 Risiko-Scores

Zur Abschätzung des individuellen Risikos bei kardiovaskulären Erkrankungen wurden einige Methoden der Risikostratifizierung entwickelt, wie der PROCAM-Score (validiert für Deutschland), der Framingham-Score (validiert für die USA) und der in den aktuellen ESC (European Society of Cardiology)/DGK (Deutsche Gesellschaft für Kardiologie)-Leitlinien (2019) empfohlene **SCORE** (Systemic Coronary Risk Estimation).

Der SCORE ermöglicht die Abschätzung des individuellen Risikos, innerhalb von 10 Jahren an kardiovaskulären Krankheiten zu versterben. Dabei werden Alter, Geschlecht, systolischer Blutdruck, Rauchverhalten und der Gesamtcholesterinspiegel berücksichtigt. Ferner gibt es unterschiedliche Stratifizierungen nach der Provenienz durch unterschiedliche Werte für Hoch- und Niedrigrisikogebiete (s. Abb. 6.2).

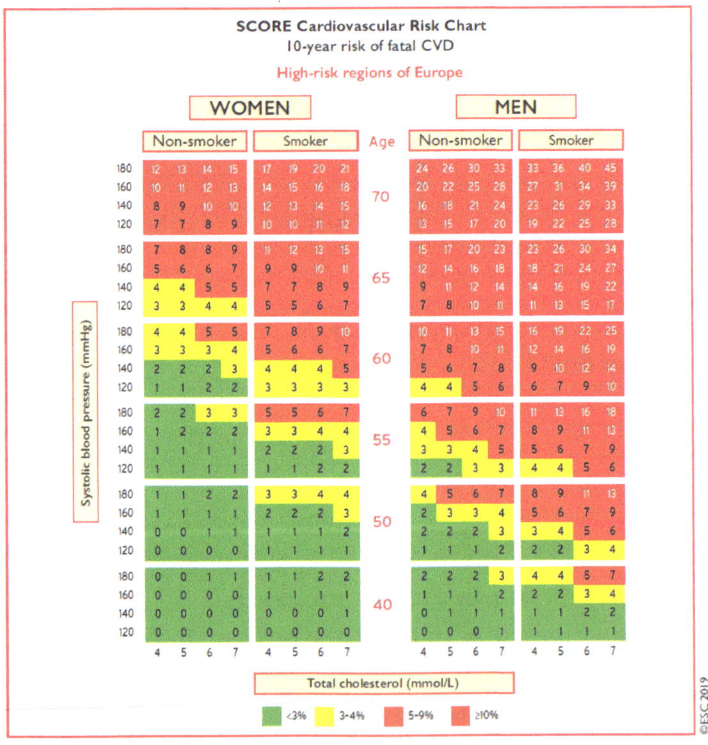

SCORE Cardiovascular Risk Chart
10-year risk of fatal CVD
High-risk regions of Europe

Age	Systolic blood pressure (mmHg)	WOMEN Non-smoker 4	5	6	7	WOMEN Smoker 4	5	6	7	MEN Non-smoker 4	5	6	7	MEN Smoker 4	5	6	7
70	180	12	13	14	15	17	19	20	21	24	26	30	33	33	36	40	45
	160	10	11	12	13	14	15	16	18	20	22	25	28	27	31	34	39
	140	8	9	10	10	12	13	14	15	16	18	21	24	23	26	29	33
	120	7	7	8	9	10	10	11	12	13	15	17	20	19	22	25	28
65	180	7	8	8	9	11	12	13	15	15	17	20	23	23	26	30	34
	160	5	6	6	7	9	9	10	11	12	14	16	18	18	21	24	27
	140	4	4	5	5	7	7	8	9	9	11	12	14	14	16	19	22
	120	3	3	4	4	5	5	6	7	7	8	10	11	11	13	15	17
60	180	4	4	5	5	7	8	9	10	10	11	13	15	16	19	22	25
	160	3	3	3	4	5	6	6	7	7	8	10	11	12	14	16	19
	140	2	2	2	3	4	4	4	5	5	6	7	8	9	10	12	14
	120	1	1	2	2	3	3	3	3	4	4	5	6	6	7	9	10
55	180	2	2	3	3	5	5	6	7	6	7	9	10	11	13	16	18
	160	1	2	2	2	3	3	4	4	4	5	6	7	8	9	11	13
	140	1	1	1	1	2	2	2	3	3	3	4	5	5	6	7	9
	120	1	1	1	1	1	1	2	2	2	2	3	3	4	4	5	6
50	180	1	1	2	2	3	3	4	4	4	5	6	7	8	9	11	13
	160	1	1	1	1	2	2	2	3	2	3	3	4	5	6	7	9
	140	0	0	1	1	1	1	1	2	2	2	2	3	3	4	5	6
	120	0	0	0	0	1	1	1	1	1	1	1	2	2	2	3	4
40	180	0	0	1	1	1	1	2	2	2	2	2	3	4	4	5	7
	160	0	0	0	0	1	1	1	1	1	1	1	2	2	2	3	4
	140	0	0	0	0	0	0	0	1	0	1	1	1	1	1	2	2
	120	0	0	0	0	0	0	0	0	0	0	0	1	1	1	1	1

Total cholesterol (mmol/L)

Abbildung 6.2: ESC Score System (SCORE) (10-Jahres Risiko für eine tödliche kardiovaskuläre Erkrankung in Ländern mit einem hohen Risiko)

Beispiel: Für eine 65-jährige Raucherin aus einem Hochrisikogebiet mit einem systolischen Blutdruck von 180 mmHg und einem Gesamtcholesterinspiegel von 4 mmol/l (155 mg/dl) ergibt sich die gleiche Risikostratifizierung wie für einen 60-jährigen Nichtraucher aus einem Hochrisikogebiet mit einem systolischen Blutdruck von 160 mmHg und einem Gesamtcholesterinspiegel von 7 mmol/l (271 mg/dl). In beiden Fällen erhält man einen SCORE-Wert von 11 %. Die Personen gehören daher zur Gruppe der Patienten mit „sehr hohem Risiko".

Es ist zu berücksichtigen, dass Personen mit gesicherten kardiovaskulären Erkrankungen (bspw. nach einem Herzinfarkt), mit Diabetes mellitus Typ 1 oder 2, mit sehr hohen individuellen Risikofaktoren sowie mit chronischer Niereninsuffizienz generell ein sehr hohes Risiko besitzen, sodass hier keine Risikostratifizierung nach dem SCORE-System erfolgt. Für alle anderen Personen gilt das SCORE-System als Grundlage für die Therapieziele und die Interventionsstrategie. Aus dem berechneten SCORE-Wert und den vorliegenden Begleiterkrankungen ergeben sich die Zielwerte für den LDL-Cholesterinspiegel als primärer Therapieparameter. Patienten mit „sehr hohem Risiko" sind Patienten mit dokumentierter atherosklerotischer kardiovaskulärer Erkrankung, mit schwerer chronischer Nierenerkrankung (eGFR < 30 ml/min/1,73m^2), einem Diabetes mellitus mit Endorganschäden sowie sonstige Patienten mit einem kalkulierten SCORE $\geq$ 10 %. Bei diesen Hochrisikopatienten wird eine Senkung des LDL-Cholesterin-Spiegels auf Werte unter 55 mg/dl empfohlen (Leitlinien 2019).

Kapitel 7

Studientypen

Nach der Bearbeitung dieser Lektion werden Sie wissen, ...

- was die Grundlagen der evidenzbasierten Medizin sind;
- welche Studientypen unterschieden werden;
- welche Anwendungsbereiche Kohortenstudien und Fall-Kontroll-Studien haben;
- welche statistischen Maßzahlen bei den verschiedenen Studien bestimmt werden;
- welchen Einfluss Verzerrungen (Bias) und Confounder auf Studien haben.

Aus der Praxis:

Wie wird die Verzerrung bei einer Fall-Kontroll-Studien zur Pathogenese der nicht-alkoholischen Fettleber bezeichnet, wenn die beiden Gruppen (Fälle vs. Kontrollen) nicht strukturgleich sind, weil als Kontrollen ausschließlich Medizinstudenten rekrutiert werden?

[A] Bias durch Confounding

[B] Informations-Bias

[C] Detection-Bias

[D] Performance-Bias

[E] Selektions-Bias

7.1 Übersicht

Evidenzbasierte Leitlinien zur Prävention und Behandlung von Krankheiten sind die Grundlage einer effektiven Therapie, da diese auf der Basis der klinischen internen Expertise und empirisch gesammelter und bewerteter wissenschaftlicher Erkenntnisse erarbeitet wurden. Dabei sind bei den leitliniengerechten Therapieempfehlungen verschiedene Evidenzhärtegrade zu berücksichtigen, die auf der Art der verwendeten Studie basieren. Der höchste Evidenzhärtegrad liegt vor, wenn sich die Evidenz aus mindestens einer **randomisierten kontrollierten Studie (RCT)** herleitet oder aus **Metaanalysen** mit Originaldaten. Beim niedrigsten Evidenzhärtegrad leitet sich die Evidenz nur aus Expertenberichten, Expertenmeinungen und klinischen Erfahrungen ab.

Studien lassen sich nach dem **zeitlichen Ablauf** und nach der **Intervention** einteilen (s. Abb. 7.1). Unter dem zeitlichen Aspekt unterscheidet man zwischen **Querschnittsstudien**, bei denen bei Studienteilnehmern nur zu einem Zeitpunkt Messdaten erhoben werden, und **Längsschnittstudien** mit mehrfacher Datenerhebung im Zeitverlauf. Ferner ist unter dem zeitlichen Aspekt zwischen **retro- und prospektiven Studien** zu differenzieren. Bei prospektiven Studien liegt der interessierende Endpunkt, meist eine bestimmte Erkrankung, in der Zukunft, während bei retrospektiven Studien das interessierende Ereignis in der Vergangenheit aufgetreten ist. Es werden bei solchen retrospektiven Untersuchungen also bereits Erkrankte hinsichtlich der Risikofaktoren untersucht, die die Krankheit begünstigt haben.

Bei Beobachtungsstudien werden die Probanden hinsichtlich ihrer normalen Lebensführung nicht beeinflusst. Dies ist für Fall-Kontroll-Studien, Kohortenstudien und Prävalenzstudien (Querschnittsstudien) typisch. Bei Interventionsstudien greift man in das normale Leben der Probanden ein, indem bspw. eine Behandlung bei einer Gruppe (Interventionsgruppe) durchgeführt wird. Nach einer bestimmten Zeit untersucht man eventuell aufgetretene Effekte. Diese Intervention ist für randomisierte kontrollierte Studien typisch.

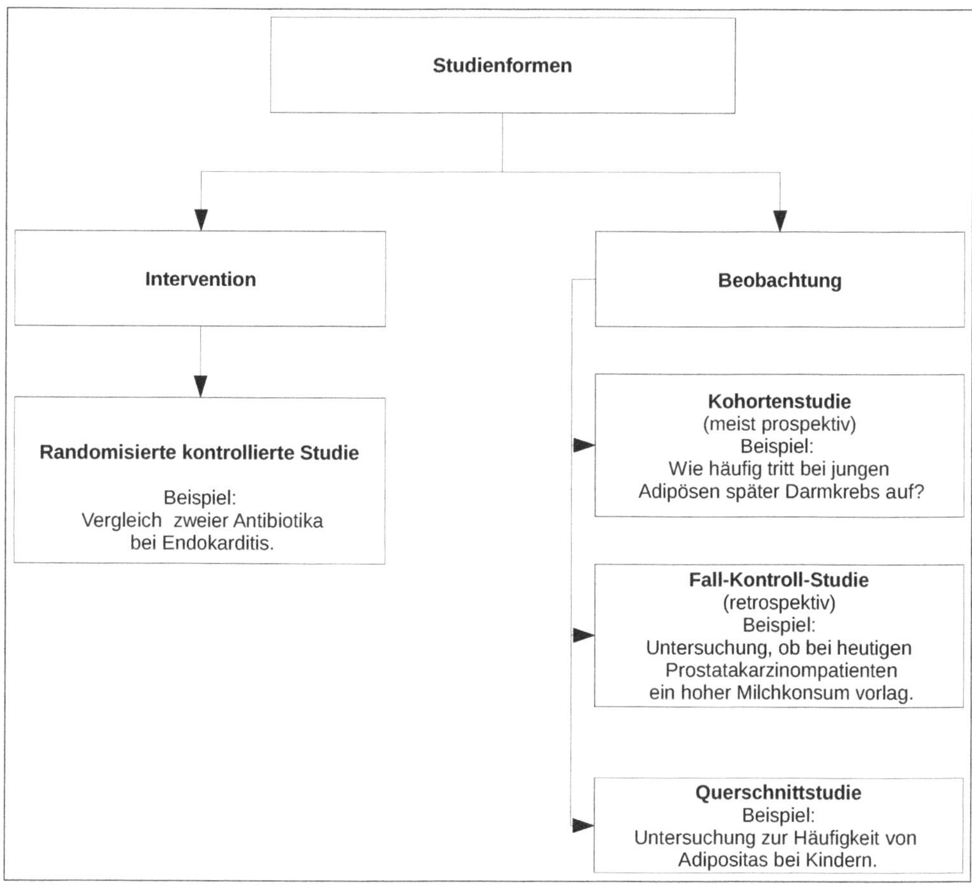

Abbildung 7.1: Studienformen in der medizinischen Forschung (Auswahl)

Bei Längsschnittstudien wird ein Proband zu mehreren Zeitpunkten hinsichtlich des interessierenden Parameters untersucht. Dies kann mit oder ohne Intervention erfolgen. Zu Längsschnittstudien gehören demnach randomisierte kontrollierte Studien sowie Kohortenstudien und Fall-Kontroll-Studien.

7.2 Beobachtungsstudien

Kohortenstudien sind **prospektive** Beobachtungsstudien, bei denen zu Beginn der Studie eine Gruppeneinteilung in **Exponierte** und **Nicht-Exponierte** vorgenommen wird. Die Kohorten sind hier Gruppen mit ähnlichen Eigenschaften. Der Endpunkt einer Kohortenstudie ist die Beobachtung des zukünftigen Auftretens der interessierenden Erkrankung. Um die Gruppenunterschiede zu quantifizieren, können Risikomaße, also das OR und das RR, berechnet oder Mittelwertunterschiede mit der Inferenzstatistik analysiert werden. Hier kann der t-Test oder der parameterfreie U-Test eingesetzt werden. Kohortenstudien bieten sich immer dann an, wenn eine **häufige Erkrankung** im Hinblick auf einen **seltenen Risikofaktor** analysiert werden soll. Patienten mit seltenen Risikofaktoren können bei Kohortenstudien besonders gut eingeschlossen werden, während Fall-Kontroll-Studien bei Krankheiten mit seltenen Risikofaktoren unvorteilhaft sind, da bei den Fällen (Erkrankten) der seltene Risikofaktor mit geringer Wahrscheinlichkeit auftritt. Kohortenstudien sind bei seltenen Krankheiten ungeeignet, da der Endpunkt (Krankheit) bei den Exponierten zu selten auftritt bzw. die Studie über einen besonders langen Beobachtungszeitraum oder mit einem großen Stichprobenumfang durchgeführt werden muss. Bei Kohortenstudien ist ferner die fehlende Randomisierung der Gruppen problematisch.

Fall-Kontroll-Studien sind **retrospektive** Beobachtungsstudien, bei denen die Gruppeneinteilung in **„Fälle" (Erkrankte)** und **„Kontrollen" (Nicht-Erkrankte)** erfolgt. Das Ziel der Studie ist die Ermittlung von Risikofaktoren, die das Krankheitsgeschehen wesentlich beeinflusst haben. Die Erfassung der Zielgröße erfolgt also sofort zu Beginn der Studie. Für die statistische Auswertung ist das OR und der Mittelwertvergleich der beiden Gruppen geeignet. Das **RR darf nicht bestimmt werden**, da die Fälle die Erkrankten sind, sodass man lediglich bestimmen darf, wie hoch die Wahrscheinlichkeit für einen betrachteten Risikofaktor ist, wenn eine Erkrankung vorliegt. Fall-Kontroll-Studien sind vorteilhaft bei **seltenen Erkrankungen**. Sie sind ferner mit weniger Kosten- und Zeitaufwand als Kohortenstudien durchführbar. Weniger geeignet ist dieser Studientyp bei Krankheiten mit seltenen Risikofaktoren, da man hier bei den ausgewählten Fällen zu selten den interessierende Risikofaktor vorfindet.

Die wesentlichen Unterschiede zwischen Kohortenstudien und Fall-Kontroll-Studien sind in der nachfolgenden Tabelle 7.1 zusammengefasst.

Tabelle 7.1: Übersicht zu Charakteristika wichtiger Beobachtungsstudien

	Kohortenstudien	Fall-Kontroll-Studien
Zeit	prospektiv	retrospektiv
Gruppeneinteilung	Exponierte/Nicht-Exponierte	Fälle (Kranke)/Kontrollen
Zielgröße	Erkrankungen am Ende der Studie	Risikofaktoren
Statistik	RR, OR, Mittelwertvergleich	OR, Mittelwertvergleich
Vorteile	***bei seltenen Risikofaktoren und häufigen Krankheiten*** klare Dokumentation	***bei seltenen Krankheiten und häufigen Risikofaktoren*** geringer Aufwand
Nachteile	hohe Kosten: hoher Zeitaufwand; große Stichprobenumfänge bei kleinen Inzidenzen; keine Randomisierung (Bias)	Auswahl Kontrollen (Selektions-Bias); unklare Dokumentation der Risikofaktoren
Beispiel	Arzneimittelstudien Phasen IV	Suche der Erregerquelle (Epidemien)

7.3 Randomisierte kontrollierte Studie (RCT)

Die randomisierte kontrollierte Studie (engl. randomized controlled trial) ist der **Goldstandard** unter den Studientypen. Erkenntnisse aus solchen RCTs haben **den höchsten Evidenzhärtegrad** hinsichtlich der leitlinienorientierten Therapieempfehlungen. Bei einer RCT erhält eine Gruppe eine **Behandlung (Intervention)**, während eine zweite Gruppe als **Kontrollgruppe** fungiert. Bei Medikamententests werden bei der Kontrollgruppe meist Placebos eingesetzt. Eine RCT ist grundsätzlich prospektiv angelegt, mit dem Ziel, Effekte der Behandlung der Interventionsgruppe im Vergleich zur Kontrollgruppe aufzuzeigen. Unter einer **Randomisierung** versteht man die zufällige Zuweisung von Probanden zu den beiden Gruppen, um **Strukturgleichheit** zu realisieren. Man spricht von einer kontrollierten Studie, da ein Vergleich mit einer nicht oder placebobehandelten Kontrollgruppe erfolgt. Die Zielgröße ist die Erfassung von **klinischen Endpunkten**, wobei es sich um harte Endpunkte wie Tod oder Krankheit handeln kann oder um sog. **Surrogatendpunkte**. Hierbei handelt es sich um Variablen, die die primären Endpunkte signifikant vorhersagen. Bei RCTs, die eine Grundlage sein sollen für die leitliniengerechte Ernährungstherapie bei Diabetes mellitus Typ 2, kann bspw. anstelle der harten primären Endpunkte (tödlich, nicht tödlich) der HbA1c-Wert oder ein anderer Glykämie-Parameter als Surrogatendpunkte verwendet werden. Surrogatendpunkte haben den Vorteil, dass der Stichprobenumfang, die Dauer der Studie und somit auch die Kosten stark reduziert werden können. Ferner können Therapieverfahren beurteilt werden, bei denen die Festlegung harter primärer Endpunkte unethisch ist oder nur mit hohem Aufwand, bspw. invasiv, möglich ist. Hinsichtlich der statistischen Auswertung können Risikomaße wie das RR und OR sowie Mittelwertvergleiche durchgeführt werden. Ein typisches Beispiel für den Einsatz von RCTs sind **Arzneimittelstudien in der Phase III**, die auf einen Wirksamkeitsnachweis des neuen Medikaments im Vergleich mit einem Placebo oder einem etablierten Medikament vor der Zulassung abzielen.

7.4 Bias und Confounder

Systematische Verfälschungen bzw. **Verzerrungen** im Ablauf von Studien werden als **Bias** (engl. Verzerrung) bezeichnet. **Confounder** sind **Störgrößen**, die mit dem untersuchten Prädiktor assoziiert sind und sich auf das Therapieergebnis (outcome einer Studie) auswirken. Durch Confounder kann es zu Fehlschlüssen bzw. falschen Kausalzusammenhängen zwischen der untersuchten Einflussvariable und dem outcome kommen.

Man spricht von einem **Selektionsbias**, wenn die Stichprobe nicht repräsentativ für die Grundgesamtheit ist **(Repräsentativitäts-Bias)**, da sich bspw. an bestimmten medizinischen Themen interessierte Personen bevorzugt als Freiwillige melden **(Freiwilligen-Bias)** oder die untersuchten Gruppen strukturell unterschiedlich sind. So werden bei Fall-Kontroll-Studien häufig Studenten oder wissenschaftliches Personal für die Kontrollgruppe rekrutiert **(Healthy-Worker-Effekt oder Membership-Bias)**, die sich in ihren Eigenschaften mitunter stark von den Fällen unterscheiden. Derartige Unterschiede sind bspw. der Beruf, das Bildungsniveau, das Alter, der Lebensstil oder der sozioökonomische Status. Das **Non-Response-Bias** tritt auf, wenn Personen aus einer Interventionsstudie ausscheiden, weil die Behandlung bei ihnen keinen Effekt zeigt. Bei ökologischen epidemiologischen Studien kann die Migration von Personen zu Verzerrungen führen, da Personen in anderen Regionen erkranken als sie exponiert waren **(Migrations-Bias)**. Ein weiteres Problem sind Abbrecher klinischer Studien (Drop-out) bzw. Personen, die sich nicht an das Studienprotokoll halten **(Attrition-Bias)**. Diese Problematik führt zu Verzerrungen, wenn durch strukturelle Ungleichgewichte zwischen den Gruppen derartige Aussteiger oder Studienplanverletzer in einer der Gruppen überproportional häufig vorkommen.

Diese Formen des Selektions-Bias (Auswahlverzerrungen) verstoßen gegen den Grundsatz der Strukturgleichheit von Studien und sind als Problembereich aller Studientypen zu berücksichtigen. Lösungsansätze zur Vermeidung derartiger Auswahlverzerrungen sind die **Randomisierung** bei RCTs oder das **Matching** bei Fall-Kontroll-Studien. Beim Matching werden Paare von Fälle und Kontrollen so ausgewählt, dass sie bezgl. bestimmter Eigenschaften (Alter, Geschlecht, sozioökonomischer Status) ähnlich sind. Eine Sonderform der Randomisierung ist die Schichtbildung oder Stratifizierung. Hier wird sichergestellt, dass die Zuweisung der Personen in die beiden Gruppen zur annähernd gleichen Anteilen von Gruppenteilnehmern mit bestimmten Eigenschaften führt **(Stratifizierte Randomisierung)**. Verzerrungen in Studien, die durch fehlerhafte oder nicht standardisierte Messmethoden entstehen, werden unter dem Aspekt des **Informations-Bias** subsumiert.

Blutdruckmessungen, die mit der Blutdruckmanschette durchgeführt werden, liefern bspw. systematisch höhere Werte als die direkte intraarterielle Messung, sodass es bei nicht einheitlicher Verwendung der Messmethode zu Verfälschungen hinsichtlich der Zuordnung zu den Gruppen, der Identifizierung von Erkrankten sowie beim outcome kommen kann **(Detection-Bias)**. In solchen Fällen ist das Postulat der **Beobachtungsgleichheit** bei Studien nicht erfüllt. Ferner können Studienergebnisse durch den Einfluss der die Studie durchführenden Personen, also Studienleiter, Labormitarbeiter oder Interviewer, verzerrt sein **(Interviewer-Bias)**. So wird bspw. ein übergewichtiger Studienteilnehmer bei einer Befragung zu seinem Ernährungsverhalten einem schlanken Internisten eher Fehlinformationen geben als einem adipösen Kardiologen. Bei retrospektiven Fall-Kontroll-Studien sind Verfälschungen durch Erinnerungsverzerrungen möglich **(Recall-Bias)**. Die Probanden können sich häufig nicht mehr genau an die Risikofaktoren erinnern, die die Krankheit begünstigt haben. Ein Problemfeld der Verifizierung neuer diagnostischer Tests ist die notwendige Überprüfung mit einem Außenkriterium (Goldstandard). Dies wird häufig nur bei den positiven Tests durchgeführt, da die Überprüfung mit dem Außenkriterium häufig aufwändig ist (bspw. wegen invasiver Methoden) oder bei testnegativen Patienten ethisch problematisch ist. Ein negatives Testergebnis könnte somit mitunter fälschlicherweise als Ausschluss einer Krankheit interpretiert werden, womit es zu Überschätzungen der Sensitivität kommen kann **(Verifikations-[Work-up]-Bias)**. Falls das Studienpersonal nicht „verblindet" ist, kann es zu Verzerrungen kommen, indem bestimmte Probanden bevorzugt betreut oder stärker überwacht werden **(Performance-Bias)**. In diesem Fall ist die Forderung der **Behandlungsgleichheit** bei Studien nicht erfüllt. Man spricht von einem **Publikations-Bias**, wenn positive Effekte bei Studien eher publiziert werden als insignifikante Ergebnisse. In der folgenden Tabelle 7.2 sind häufige Ursachen von systematischen Fehlern in klinischen Studien zusammengefasst.

Tabelle 7.2: Verschieden Formen von Verzerrungen (Bias) bei Studien [Auswahl]

Bias	Verstoß gegen das Postulat der...	Gegenmaßnahmen
Selektions-Bias	Strukturgleichheit	Randomisierung, Matching
Detection-Bias	Beobachtungsgleichheit	Verblindung, standardisierte Methoden, Referenzlaboratorien
Performance-Bias	Behandlungsgleichheit	Doppel-Blindstudien, Training für die Untersucher

Durch Störfaktoren, sog. **Confounder**, kann es in klinischen Studien zu **Fehlschlüssen** kommen. Confounder werden statistisch nicht erfasst, obwohl sie mit dem eigentlichen Prädiktor assoziiert sind. Sie sind dabei ursächlich für den outcome, sodass für den geprüften Prädiktor ein falscher Kausalzusammenhang angenommen wird. Bei einer Studie zur Abklärung der Risikofaktoren für einen Hallux valgus (Deformität der Großzehe) untersucht man den Effekt der Geschlechts und findet ein vermehrtes Auftreten dieser Krankheit bei Frauen. Der Hallux valgus könnte fälschlicherweise als geschlechtsspezifisch klassifiziert werden, obwohl das Tragen von spitz zulaufenden Schuhen einer der wichtigsten Faktoren für die Pathogenese ist. Die Schuhmode wird hier also als Confounder nicht berücksichtigt und führt zu einem Fehlschluss.

Kapitel **8**

Durchführung einer klinischen Studie

Nach der Bearbeitung dieser Lektion werden Sie wissen, ...

- welche Vorteile die Randomisierung und Verblindung bei klinischen Studien hat;
- mit welchen Maßzahlen der Effekt einer Intervention quantifiziert wird;
- was die wesentlichen Inhalte eines Prüfplans sind;
- wie eine Fallzahlberechnung mit der Poweranalyse durchgeführt wird;
- welchen Vorteil das Intention-to-treat Prinzip bei klinischen Studien hat;
- welche Ebenen der Wirksamkeit und Validität unterschieden werden;
- welche Studien in den Phasen der Arzneimittelprüfung durchgeführt werden.

Aus der Praxis:

Bei einer klinischen Studie werden mit Hilfe eines neuen Arzneimittels 70 % der Patienten erfolgreich behandelt, mit Hilfe der Standardtherapie 66 %. Die "Number Needed to Treat" (NNT) beträgt damit:

[A] 0,25

[B] 25

[C] 1,05

[D] 6

[E] 30

8.1 Prinzip

Randomisierte kontrollierte Studien (RCTs) untersuchen den Effekt einer Intervention auf den Menschen und stellen u. a. wegen einer Reduzierung des Risikos für systematische Fehler den **Goldstandard** unter den Studien dar. Aus diesem Grund haben sie neben systematischen Reviews und Metaanalysen den höchsten Evidenzgrad. Die Gefahr systematischer Fehler wird insbesondere durch die Prinzipien der **Randomisierung** und der **Verblindung** reduziert.

Bei RCTs vergleicht man eine **Interventionsgruppe** mit einer **Kontrollgruppe**. Unter Intervention versteht man eine Behandlung im Sinne einer Medikamentengabe oder eines sonstigen Therapieverfahrens. In der Kontrollgruppe kann ein Placebo oder eine Standardtherapie eingesetzt werden. Das Mitführen einer Placebogruppe zielt darauf ab, **Placeboeffekte der Intervention zu kontrollieren**. Es wird somit ausgeschlossen, dass Placeboeffekte der geprüften Intervention als echte Effekte missgedeutet werden.

Unter Randomisierung versteht man die **zufällige Zuordnung der Studienteilnehmer** zu den verschiedenen Gruppen, indem Computeralgorithmen oder Zufallszahlen verwendet werden. Dadurch wird das Ziel der Strukturgleichheit der Gruppen realisiert, sodass systematische Fehler durch Verzerrungen (Bias) und Confounder minimiert werden können (s. Kap. 7). Die Randomisierung sollte dabei durch Personen durchgeführt werden, die nicht in die Behandlung der Studienteilnehmer involviert sind. Allerdings besteht, vor allem bei kleinen Stichproben, auch bei der zufälligen Zuordnung der Teilnehmer zu den Gruppen die Gefahr der Strukturunterschiede. In solchen Fällen wird die **geschichtete Randomisierung** durchgeführt. Die geschichteten Zufallsstichproben (bzw. stratifizierten Zufallsstichproben) werden gebildet, indem die Grundgesamtheit zunächst in Untergruppen, sog. Schichten, aufgeteilt wird und nachfolgend eine Zufallsauswahl mit definierten Stichprobenumfängen pro Schicht erfolgt. Hier kann bspw. bei proportional geschichteten Zufallsstichproben der Umfang der Studienteilnehmer pro Schicht analog zum Anteil der Schicht in der Grundgesamtheit gewählt werden.

Eine weitere Maßnahme zur Reduktion des Effekts von Verzerrungen und Störfaktoren ist die Verblindung (s. Kap. 7). Im Idealfall sind weder die Studienteilnehmer noch die Studienärzte über die Gruppenzuordnung informiert **(doppelblind)**. Falls auch das auswertende Personal keine Informationen über die Gruppenzuordnung hat, spricht man von „dreifachblinden" Studien. In einigen Studien sind nur die Studienteilnehmer verblindet (einfachblind). Die Verblindung zielt auf die Realisierung der Postulate einer Beobachtungs- und Behandlungsgleichheit ab.

Bei der Studienauswertung sollten alle Studienteilnehmer einbezogen werden, also auch solche Teilnehmer, die die Studie vorzeitig beendet haben. Man spricht in diesem Zusammenhang vom **Intention-To-Treat-Prinzip (ITT)**.

Ein ITT-Kollektiv ist das Auswertungskollektiv und betrifft alle Patienten, die zu Beginn für die Gruppen randomisiert wurden. Dieses ITT-Prinzip ist bedeutsam, damit die durch die Randomisierung realisierte Strukturgleichheit auch bis zur Auswertung beibehalten bleibt. Die Quantifizierung der Effekte einer Intervention ist mithilfe von Risikomaßen wie dem RR oder dem OR sowie durch Mittelwertvergleich möglich. Die Berechnung der Maßzahlen für Risikovergleiche kann mit folgender Kontingenztabelle 8.1 veranschaulicht werden.

Tabelle 8.1: Vierfeldertafel zu Risikovergleichen bei RCTs

	Erfolg		
	Ja	Nein	
Intervention	a	b	$a+b$
Kontrolle	c	d	$c+d$
	$a+c$	$b+d$	$n=a+b+c+d$

Die **Reduktion des Risikos durch eine Intervention** errechnet sich als Differenz aus der Risikorate (Wahrscheinlichkeit für einen Misserfolg) der Kontrollen RK = d/(c+d) und der Risikorate bei Teilnehmern mit einer Intervention RI = b/(a+b).

Risikodifferenz: $RD = RK - RI$

Mit dieser absoluten Risikoreduktion durch eine Intervention lässt sich die Anzahl von noch notwendigen Behandlungen kalkulieren, die man noch benötigt, um einen zusätzlichen Behandlungserfolg zu realisieren. Diese Anzahl der notwendigen Behandlungen **(en. Number Needed to Treat (NNT))** ist eine Maßzahl, um den Nutzen der Intervention zu quantifizieren. Die NNT berechnet sich als reziproker Wert der absoluten Risikoreduktion $NNT = 1/RD$. Eine große Wert bedeutet demnach eine geringe Risikoreduktion infolge der Intervention. Das **relative Risiko** $RR = RI/RK$ gibt den Anteil der Misserfolge der Kontrollen an, der resistent gegenüber der Intervention ist. Die **relative Risikoreduktion** $RRR = RD/RK = 1 - RR$ gibt den Anteil der Misserfolge der Kontrollen an, der von einer Intervention profitieren würde. Niedrige Werte für das RR und hohe Werte für das RRR sind Indikatoren für einen großen Effekt der Intervention.

Beispielaufgabe:

In einer randomisierten kontrollierten Studie wurde einer Gruppe von 1000 Patienten (Interventionsgruppe) über ein Jahr ein neues Antihypertensivum verabreicht. Bei 50 Patienten diese Kollektivs trat ein cerebrovaskulärer Insult auf (Misserfolg der Intervention). Bei den 1000 Studienteilnehmern der Kontrollgruppe traten 150 Fälle von Apoplexie auf.

Berechnen Sie die Number Needed to Treat (NNT).

Lösung:

$RI = 50/1000 = 0,05$

$RK = 150/1000 = 0,15$

absolute Risikoreduktion: $RD = RK - RI = 0,15 - 0,05 = 0,1$

$NNT = 1/RD = 1/0,1 = 10$

Man müsste noch 10 weitere Patienten mit dem neuen Antihypertensivum behandeln, um einen zusätzlichen Behandlungserfolg zu beobachten.

Alternative Interpretation: Man müsste noch 1000 weitere Patienten mit dem Antihypertensivum behandeln, um 100 cerebrovaskuläre Insulte zu verhindern.

8.2 Prüfplan

8.2.1 Inhalte eines Prüfplans

Die Durchführung klinischer Studien und anderer Forschungsvorhaben erfordert das Erstellen eines Prüfplans, und zwar nach den **gesetzlichen Vorgaben** des Arzneimittelgesetzes (AMG), des Medizinproduktegesetzes (MPG) und der ICH (International Council for Harmonisation of Technical Requirements for Pharmaceuticals for Human Use)-GCP (Good Clinical Practice)-Leitlinie. Wesentliche Inhalte des Prüfplans:

- Hintergrundinformationen zu allgemeinen Zielen, Substanzen und Probanden
- Festlegung der spezifischen Ziele (primär, sekundär)
- Studiendesign (Dauer, Zentren, Fallzahl)
- Charakterisierung der Studienpopulation (Ein-/Ausschluss-Kriterien)
- Behandlung der Patienten (Intervention)
- Bewertung der Wirksamkeit und Verträglichkeit
- Dokumentation, Datenorganisation
- Statistik
- Ethische und rechtliche Aspekte
- Publikationsrichtlinien

Die Erstellung von Prüfplänen zielt darauf ab, eine Vergleichbarkeit und Reproduzierbarkeit der Ergebnisse der unterschiedlichen Studienzentren zu erreichen. Die Bewertung und Zustimmung des Prüfplans erfolgt durch die zuständige Ethikkommission und die Bundesoberbehörden im Bereich des Gesundheitswesens (Bundesinstitut für Arzneimittel und Medizinprodukte; Paul-Ehrlich-Institut).

8.2.2 Endpunkte

Im Prüfplan müssen sog. **primäre Endpunkte** festgeschrieben werden, die als Zielkriterium die höchste Aussagekraft hinsichtlich der Hauptfragestellung haben. Es handelt sich um das erstrangige Ziel der klinischen Studie, dessen Realisierung auf einen Effekt der Intervention hinweist. Als primäres Zielkriterium werden meist **„harte Endpunkte"**, also objektiv messbare Parameter verwendet, vor allem die Mortalität, die Morbidität, das Auftreten von Nebenwirkungen bei Arzneimitteltests, die Remission einer Krankheit oder das Auftreten von Rezidiven. Das Auftreten dieser primären Endpunkte entscheidet also über den Erfolg oder Misserfolg einer Intervention.

Sekundäre Endpunkte sind als zweitrangige Zielkriterien ebenfalls im Prüfplan aufzuführen. Sie sind mit den primären Endpunkten assoziiert, wobei der Nachweis dieser sekundären Endpunkte alleine kein hinreichender Hinweis auf den Effekt der Intervention ist. Sekundäre Endpunkte gehören häufig zur Kategorie der „weichen Endpunkte", die nur subjektiv messbar sind, wie bspw die Lebensqualität, Schmerzen oder die Verträglichkeit der Intervention.

Surrogatendpunkte sind Zielkriterien, die eine Vorhersagekraft hinsichtlich der primären Endpunkte haben, also mit diesen korreliert sind und im günstigen Fall in einem Kausalzusammenhang stehen, sodass sie als „Ersatz" für harte primäre Endpunkte in klinischen Studien verwendet werden können. Surrogatendpunkte sind häufig **Laborparameter** oder **Biomarker**, die leicht erfassbar sind, wobei sie aber nicht als direkter Maßstab für den Effekt einer Intervention interpretiert werden können (s. Tab. 8.2). Sie können nur mit einer bestimmten Wahrscheinlichkeit das Auftreten der klinischen Ereignisse vorhersagen. Dennoch haben Surrogatendpunkte eine große Bedeutung, weil sie die Dauer und Kosten der Studie begrenzen können. Außerdem kann bei Verwendung von Surrogatendpunkten die Probandenzahl reduziert werden.

Tabelle 8.2: Surrogatendpunkte und assoziierte primäre Endpunkte

Surrogatendpunkt	Primärer Endpunkt
Blutdrucksenkung	Vermeidung von Schlaganfällen
Knochendichte	Frakturen bei Osteoporose
HbA1c	Diabetische Retinopathie

8.2.3 Statistische Fallzahlplanung (Power-Analyse)

Bei klinischen Studien ist es wichtig, den erforderlichen Stichprobenumfang zu kalkulieren, um einen erwarteten Effekt bei gegebenem Signifikanzniveau und gegebenem β-Fehler als statistisch signifikant nachweisen zu können. Die a-priori Poweranalyse **(Power = 1-β)** ist zur Limitierung des Kosten- und Zeitaufwands bedeutsam. Bei tierexperimentellen Studien ist eine Bestimmung des mindestens erforderlichen Stichprobenumfangs zusätzlich unter dem Aspekt des Tierschutzes obligatorisch.

Die **erwartete Effektstärke** leitet man aus der klinischen Erfahrungen ab. Je geringer die erwartete Effektgröße ist, desto größer muss der Stichprobenumfang gewählt werden, während bei einem hohen postulierten Effekt geringere Stichprobenumfänge zum Nachweis signifikanter Unterschiede ausreichen. Der aus dem Signifikanzniveau (meist 5 %) ermittelte kritische Wert, ab dem eine Nullhypothese zu verwerfen ist, bestimmt gleichzeitig die Höhe des β-Fehlers. Generell wird der β-Fehler umso größer, je kleiner der α-Fehler gewählt wird. Meist wird bei der Kalkulation des erforderlichen Stichprobenumfangs der β-Fehler viermal so groß wie der α-Fehler gewählt, sodass mit einer Power von 80 % gerechnet wird. Die Power ist ein Maß für die **Trennschärfe** des Test, da sie die Wahrscheinlichkeit angibt, dass eine tatsächlich falsche Nullhypothese verworfen wird, also keinen β-Fehler bei der Testentscheidung zu machen.

Beispielaufgabe (Binomialtest):

Bei einem Medikament geht man bisher von einer Nebenwirkungsrate von weniger als $\mu_1 = 0,1$ aus. Es wird nun vermutet, dass die tatsächliche Häufigkeit größer ist, und zwar wird mit einem Wert von $\mu_2 = 0,2$ kalkuliert.

Berechnen Sie bei einem Signifikanzniveau von 5 %, einer Power von 80 % und einer Effektstärke von 0,1 den erforderlichen Stichprobenumfang, um die de-facto falsche Nullhypothese zu verwerfen.

Lösung:

Gesucht ist die Wahrscheinlichkeit: $P_{\mu 2=0,2}(X \geq 0,1 + 1,645 \cdot \sigma_{\mu 1=0,1}) = 0,8$

$k = 0,1 + 1,645 \cdot \sigma_{\mu 1=0,1}$ ist dabei der kritische Wert, der für die Nullhypothese kalkuliert wurde.

$$\Rightarrow \Phi\left(\frac{\left(0,1+1,645\cdot\sqrt{\frac{0,1\cdot(1-0,1)}{n}}\right)-0,2}{\sqrt{\frac{0,2\cdot(1-0,2)}{n}}}\right)=0,2$$

$$\Rightarrow -0,842=\frac{\left(0,1+1,645\cdot\sqrt{\frac{0,1\cdot(1-0,1)}{n}}\right)-0,2}{\sqrt{\frac{0,2\cdot(1-0,2)}{n}}}$$

$$\Rightarrow n\approx 69$$

Bei einem Stichprobenumfang von ca. 69 beträgt die Trennschärfe bzw. die Power des Tests bei einem Signifikanzniveau von 5 % ca. 80 %, wenn der Populationsanteil um 0,1 über dem mit der Nullhypothese vereinbaren Populationsanteil von $\mu 1 = 0,1$ liegt.

Software-Tools (bspw. G*Power) erleichtern die Kalkulation des erforderlichen Stichprobenumfangs.

Beispielaufgabe (t-Test für unabhängige Stichproben; G*Power):

In einer kardiologischen Studie zur Prüfung des Nutzens eines neuen bildgebenden Verfahrens bei Herzoperationen wird die Zeit bis zur transseptalen Punktion erfasst. Eine Gruppe wird mit dem neuen bildgebenden Verfahren und eine zweite Gruppe mit der konventionellen Methode operiert. Die Messzeiten sollen mit dem t-Test für unabhängige Stichproben statistisch verglichen werden.

Berechnen Sie den erforderlichen Stichprobenumfang für einen einseitigen t-Test bei einem Signifikanzniveau von 5 % und einer Power von 80 % sowie einem erwarteten Effekt von $d = 0,3$. Die beiden Gruppen sollen den gleichen Umfang haben.

Lösung:

Im Hauptfenster des Programmtools G*Power wird die Standardeinstellung „A priori“ gewählt, um den Stichprobenumfang vor Beginn der Studie zu ermitteln. Da die Fragestellung einem einseitigen Test entspricht, wird die Einstellung „Tail(s): One“ gewählt. Man geht von einem mittleren Effekt aus, sodass „$d = 0,5$“ zu wählen ist. Das Signifikanzniveau wird auf „$\alpha\ err\ prob = 0,05$“ und die Power des Tests auf „Power = 0,8“ eingestellt. Da man gleiche Gruppengrößen einplant, wird die Option „Allocation ratio =1“ gewählt.

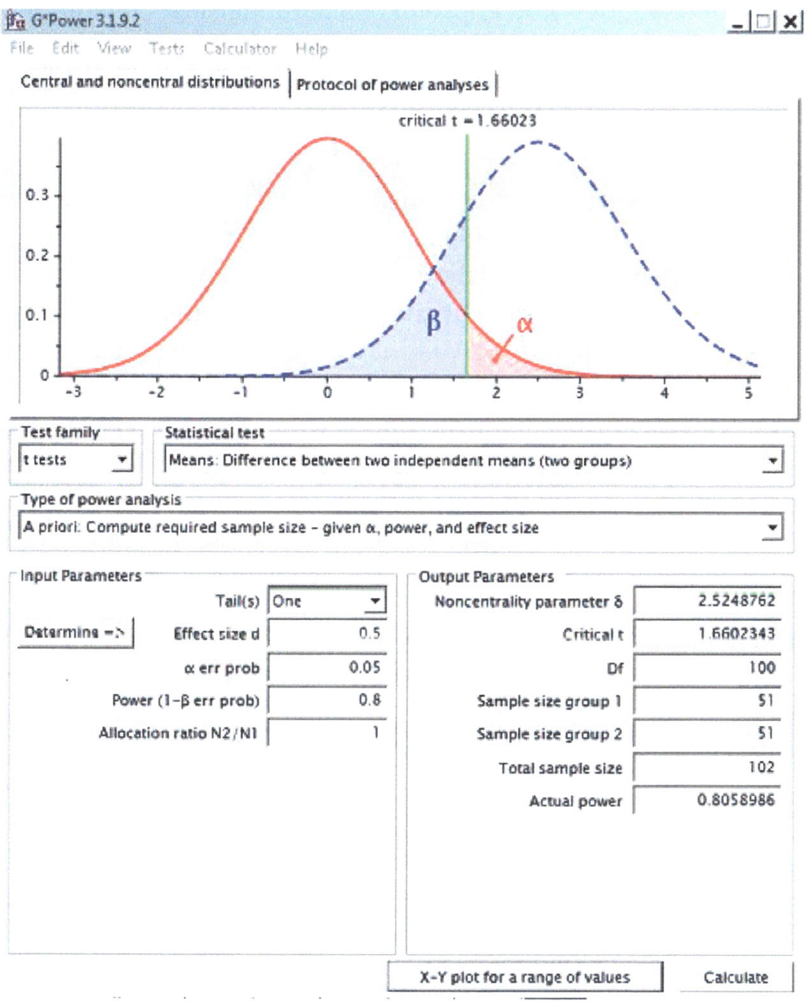

Abbildung 8.1: Kalkulation der Fallzahl für einen t-Test mit G*Power

Die Option „calculate" liefert die Output-Parameter mit einem kalkulierten Stichprobenumfang von insgesamt 102 Probanden bzw. von jeweils 51 Probanden pro Gruppe. Dieser Stichprobenumfang reicht aus, um mit einer Power von ca. 80,59 % den erwarteten Effekt signifikant nachzuweisen. Die Ergebnisse der Poweranalyse mit dem G*Power sind in Abbildung 8.1 dargestellt.

8.2.4 Intention-to-treat Auswertung

Bei einer Verletzung des Studienprotokolls wird meist das Intention-to-treat Prinzip angewendet, bei dem alle anfänglich randomisierten Teilnehmer in der Auswertung berücksichtigt werden, und zwar unabhängig davon, ob ein Teilnehmer ganz aus der Studie ausscheidet, die Gruppe wechseln musste oder nicht protokollkonform mitgearbeitet hat. Durch diese Maßnahme werden Verzerrungen vermindert und die externe Validität verbessert, da hier besser die Situation in der alltäglichen Praxis berücksichtigt wird. Bei dem Per-Protocol Prinzip werden solche Studienteilnehmer nicht für die Auswertung berücksichtigt, die sich nicht an das Studienprotokoll gehalten haben. Dadurch steigt zwar die interne Validität an, da der Effekt der Intervention besser messbar ist, allerdings sinkt die externe Validität wegen eines verzerrten Effekts, der nicht die alltägliche Praxis widerspiegelt. Die Auswertung mit den Methoden Intention-to-treat und Per-Protocol bei einer Verletzung des Studienprotokolls wird in folgendem Beispiel veranschaulicht.

Beispiel:

Man versucht, in einer randomisierten Studie mit Adipösen den Vorteil einer neuen Low-Carb-Diät im Vergleich mit einer wissenschaftlich gesicherten Diät (energiereduzierte Mischkost) zu ermitteln. Der Endpunkt ist eine nicht realisierte Gewichtsreduktion im Zeitverlauf von einem Jahr. Der Ablauf der Studie wird in folgender Abbildung 8.2 exemplarisch veranschaulicht.

Die Per-protocol Methode liefert eine relative Risikoreduktion durch die neue Low-Carb-Diät in der Höhe von 0,47, während nach der Intention-to-treat-Methode kein Nutzen der neuen Diät nachweisbar ist (RRR=0). Die Intention-to-treat-Methode spiegelt die Situation im Alltag besser wider, da davon auszugehen ist, dass viele Personen unter Alltagsbedingungen eine Diät wegen fehlender Compliance abbrechen.

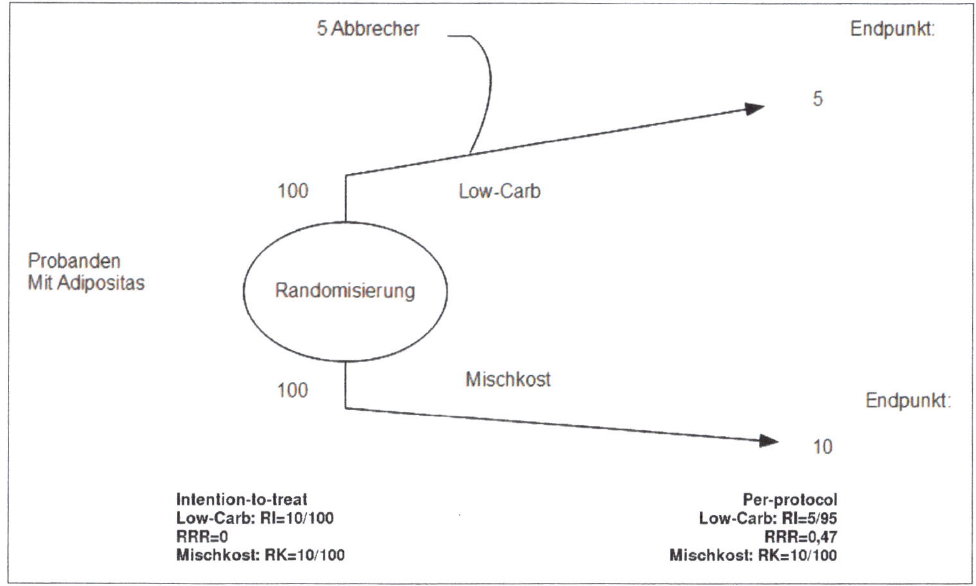

Abbildung 8.2: Beispiel zur Veranschaulichung des ITT-Prinzips bei RCTs

8.2.5 Formen der Wirksamkeit und Validität

Bei der Beurteilung der Wirksamkeit einer Intervention sind unterschiedliche Ebenen zu berücksichtigen. Die **Wirksamkeit (engl. efficacy)** i. e. S. ist ein Maß für gute Ergebnisse einer Intervention unter Idealbedingungen, während man unter der **Effektivität (engl. effectiveness)** die Wirksamkeit einer Intervention unter Alltags- bzw. Routinebedingungen versteht. Die **Effizienz (engl. efficiency)** beschreibt das Ergebnis der Intervention im Verhältnis zum Aufwand (Zeit, Geld).

Die **Validität** bezieht sich auf die Gültigkeit der aus einer klinischen Studie angenommenen **Schlussfolgerungen**. Ein hohes Maß an **interner Validität** liegt vor, wenn Änderungen der abhängigen Variable eindeutig durch den Einfluss des Prädiktors erklärt werden können. Maßnahmen zur Erhöhung der internen Validität sind eine Kontrolle der Confounder sowie eine Reduktion von Verzerrungen durch das Prinzip der Randomisierung und Verblindung. Die **externe Validität** bezieht sich auf die **Generalisierung** der Ergebnisse einer klinischen Studie. Eine hohe externe Validität liegt also vor, wenn unverzerrte Schlussfolgerungen von der untersuchten Stichprobe auf die Population möglich sind. Eine wesentliche Maßnahme der Erhöhung der externen Validität sind Replikationsstudien, durch die die Ergebnisse mit anderen Probanden und bei Variation der Studienbedingungen bestätigt werden. Metaanalysen ermöglichen dabei eine statistische Auswertung derartiger Replikationsstudien und erhöhen damit die externe Validität.

8.3 Phasen der klinischen Arzneimittelprüfung

Für die Zulassung von Arzneimitteln ist eine bestimmte Abfolge von Prüfungen gesetzlich vorgeschrieben.

Präklinische Phase:

In dieser Phase werden **tierexperimentell** die Wirkmechanismen des neuen Arzneimittels aufgeklärt und eventuelle toxische, mutagene und teratogene Effekte identifiziert.

Phase 1:

Nach der tierexperimentellen Prüfung erfolgt eine Untersuchung zur **Pharmakokinetik** und **Pharmakodynamik** des Arzneimittels an **gesunden** Probanden. Es soll mit wenigen Probanden in kleinen Interventionsstudien ohne Kontrollgruppe die Wirkdosis explorativ abgeschätzt werden und auf eine Verträglichkeit des Arzneimittels geprüft werden.

Phase 2:

In der Phase 2 der Arzneimittelprüfung geht es insbesondere um die **Dosisfindung**. Es werden kleine Gruppen von **Patienten** in Interventionsstudien ohne Kontrollen untersucht. Neben der Dosisfindung wird auf die Verträglichkeit der Arzneimittel geprüft.

Phase 3:

In dieser Phase der Arzneimittelprüfung werden **randomisierte kontrollierte klinische Studien** mit großen Gruppen von Patienten durchgeführt. Die Phase 3-Studien zielen auf den **Wirksamkeitsnachweis** gegenüber einer Placebogruppe oder einer Kontrollgruppe mit einer Standardtherapie ab. Ferner wird auf die Sicherheit hinsichtlich häufiger unerwünschter Arzneimittelwirkungen geprüft. Danach wird über die Zulassung entschieden.

Phase 4:

Nach der Zulassung eines Arzneimittels wird die Effektivität, also die Wirksamkeit und Unbedenklichkeit des Arzneimittels unter Routinebedingungen, untersucht. Es sollen dabei insbesondere **langfristige und seltene unerwünschte Arzneimittelwirkungen** in Beobachtungsstudien erfasst werden.

Kapitel 9

Beurteilung wissenschaftlicher Artikel

Nach der Bearbeitung dieser Lektion werden Sie wissen, ...

- wie man wissenschaftliche Artikel kritisch liest;
- wie der grundsätzlich Aufbau eines wissenschaftlichen Artikels ist;
- wie man die Validität von Studienergebnissen erkennt;
- welche Bedeutung der statistische Begriff „Effektstärke“ hat;
- was der Unterschied zwischen statistischer Signifikanz und klinischer Relevanz ist.

Aus der Praxis:

In einer randomisierten kontrollierten Studie wird ein neues Schmerzmittel im Vergleich zu einem Placebo getestet. Die Kontrollgruppe und die Verumgruppe haben den gleichen Stichprobenumfang. Als primärer Endpunkt wurde die Schmerzintensität, auf einer 11-Punkte-Skala, nach 12 Wochen gemessen. Sekundäre Endpunkte waren die subjektive Steigerung des Wohlbefindens und die Steigerung der Lebensqualität. In der Verumgruppe konnte nach Abschluss der Studie eine signifikante Verbesserung des Wohlbefindens und der Lebensqualität nachgewiesen werden, während die Ergebnisse für die Schmerzintensität insignifikant waren.

Welche Formulierung im Diskussionsteil eines wissenschaftlichen Artikels wäre zulässig?

[A] Das Studienergebnis ist positiv, da beide sekundären Endpunkte realisiert wurden.

[B] Das Studienergebnis ist negativ, da der primäre Endpunkt nicht realisiert wurde.

[C] Bei einem geringeren Stichprobenumfang könnte man signifikante Ergebnisse für den primären Endpunkt erhalten.

[D] Das Intention-to-treat-Prinzip bedeutet, dass nur solche Patienten bei der Auswertung berücksichtigt werden, die das Studienprotokoll durchlaufen haben.

[E] Das Ergebnis ist positiv, da eine klinische Relevanz der Intervention nachweisbar ist.

9.1 Literatursuche

Bei einer Literatursuche zur Vorbereitung einer Studie geht es zunächst darum, einen schnellen **Überblick zum Stand der Forschung** zu erhalten. Daher sollte man zu Beginn der Literaturarbeit einfache Übersichtsartikel, **Reviews** und **Metaanalysen** sichten, deren Literaturverzeichnis weitere Hinweise für geeignete zu sichtende Artikel bietet. Zusätzlich zu dieser Form der Literatursuche sollte eine Recherche in Datenbanken wie PubMed erfolgen. Die Literatursuche mithilfe von **Literaturverzeichnissen** wichtiger Übersichtsartikel hat den Vorteil, dass meist nur qualitativ hochwertige Literatur zitiert wird, während man bei einer systematischen Recherche mit **Datenbanken** in jedem Einzelfall eine Beurteilung der Quellen durchführen muss. Diese systematische Literaturrecherche vermindert allerdings Verzerrungen **(Publikation-Bias)**, die durch Nutzung von Literaturverzeichnissen entstehen, da man hier die Problematik von „Zitierkartellen" berücksichtigen muss. Studien mit signifikanten Ergebnissen werden meist bevorzugt veröffentlicht, sodass Effekte überschätzt werden.

Bei **Metaanalysen** werden mehrere Einzelstudien zu einer bestimmten Fragestellung mit statistischen Methoden zusammengefasst. Man kann damit den berücksichtigten Stichprobenumfang stark steigern und Verzerrungen reduzieren, sodass die Ergebnisse solcher Metaanalysen die höchste Evidenz für generalisierende Empfehlungen haben. Die Auswertung erfolgt dabei nicht mithilfe von Signifikanzen, sondern durch eine statistische Zusammenfassung der **Effektstärken** der Einzelstudien. Es ist zu berücksichtigen, dass durch Anhebung des Stichprobenumfangs auch kleine Gruppenunterschiede als signifikant nachgewiesen werden können, während die Effektstärke vom Stichprobenumfang unabhängig ist (s. Abb. 9.1).

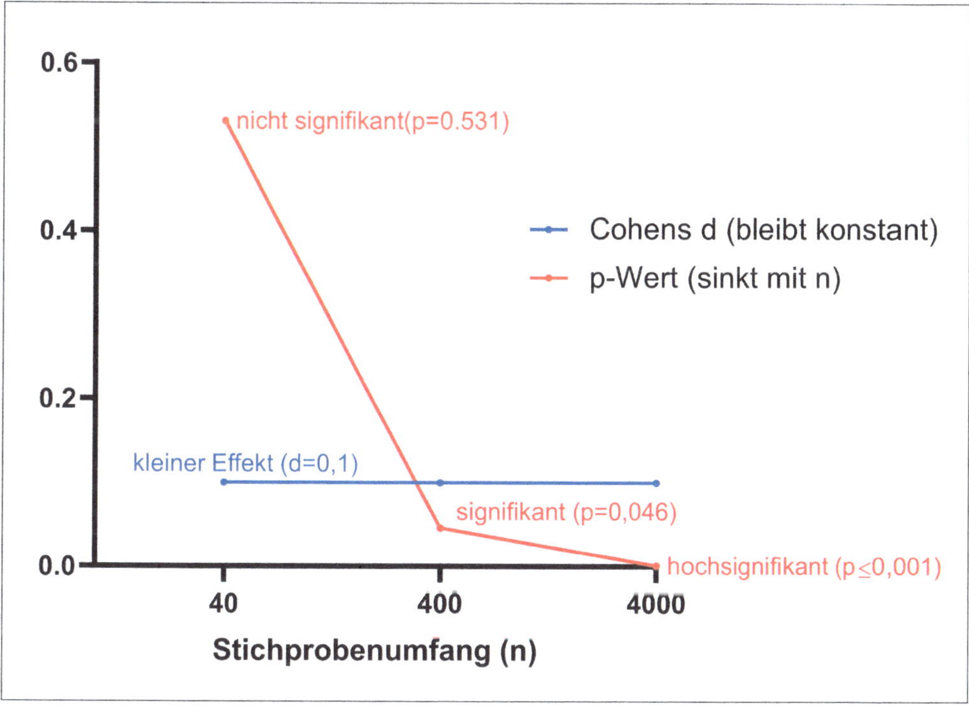

Abbildung 9.1: p-Wert vs. Effektstärke bei Studien und Metaanalysen

Generell sollte man vor der Durchsicht eines Artikel prüfen, ob der Titel des Artikels für das gewählte Thema relevant ist. Falls der Titel als relevant empfunden wird, wird die Zusammenfassung (abstract) gelesen. Der Autor sollte die wesentlichen Aspekte der konkreten Fragestellung, der Ergebnisse, der Methodik und der Schlussfolgerung in der Zusammenfassung darstellen können. Wird die Zusammenfassung als relevant empfunden, sollte der gesamte Artikel gelesen werden mit konsekutiver Erarbeitung von Exzerpten. Die alleinige Sichtung der Zusammenfassung ist nicht ausreichend, um wichtiger Informationen aus einem Artikel zu extrahieren.

9.2 Einleitung

In der Einleitung muss der Stand der Forschung unter Verwendung von **aktuellen Quellen** zusammengefasst werden. Der Autor muss dabei **detaillierte Informationen**, also bspw. konkrete Zahlen, der zitierten Artikel aufführen. Semiquantitative Aussagen (bspw. „besser" oder „schlechter") können ein Zeichen dafür sein, dass der Autor des Artikels die zitierte Literatur nicht gelesen hat. Man sollte in Einzelfällen die Angaben in der Einleitung durch Sichtung der zitierten Quellen überprüfen. Der Stand der Forschung wird in der Einleitung idealerweise vom Allgemeinen zum Speziellen zusammengefasst.

Am Ende der Einleitung sollte aufgeführt werden, welche konkrete Fragestellung mit der eigenen Studie geklärt werden soll und warum das jeweilige Studiendesign gewählt wurde.

9.3 Methodik

Die Sichtung des Methodikteils ist besonders hilfreich, um die Qualität eines Artikels abzuschätzen. Es sollten hier alle Informationen zur untersuchten Stichprobe, zu den Messmethoden, zur statistischen Auswertung, zum Zeitraum der Untersuchung, zum Untersuchungsort und zum Studiendesign so detailliert aufgeführt sein, dass eine Wiederholung der Studie durch eine andere Arbeitsgruppe jederzeit möglich wäre.

Es ist zu überprüfen, ob es Angaben zur Art der **Randomisierungs- und Verblindungsmethode** gibt. Fehlende diesbezügliche Angaben können ein Hinweis darauf sein, dass keine Randomisierung und keine Verblindung durchgeführt wurde, sodass die Postulate der Struktur-, Beobachtungs- und Behandlungsgleichheit nur eingeschränkt erfüllt wären. Ferner sollten Angaben zur **Fallzahlplanung** mithilfe der Poweranalyse vorhanden sein.

Ansonsten könnte bei zu geringer Fallzahl ein signifikanter Gruppenunterschied nicht erkannt worden sein. Es müssen klare Angaben zu den **Einschluss- und Ausschluss-Kriterien** für die Studienpopulation aufgeführt sein und es muss eine Information darüber gegeben sein, ob alle anfänglich für die Gruppen randomisierten Probanden in der Auswertung berücksichtigt wurden (ITT-Prinzip). Bei allen verwendeten **Labor- bzw. Messmethoden** müssen detaillierte Angaben hinsichtlich der Messbedingungen aufgeführt sein. Es sollte eine Messung unter standardisierten Bedingungen durchgeführt worden sein mit detaillierten Angaben (Zahlen) zur Präzision (Reliabilität) und zur Richtigkeit (Validität) der Messmethoden. Die Angabe der **statistischen Methoden** sollte unter Nennung der berechneten statistischen Maßzahlen und des gewählten Signifikanzniveaus erfolgen. Generell sollte im Methodikteil klar formuliert werden, ob es sich bei der Untersuchung um eine konfirmatorische (beweisführende), explorative (hypothesenfindende) oder rein deskriptive Studie handelt. Ferner muss bei der Analyse eines Artikels geprüft werden, ob das gewählte Studiendesign (RCTs, Kohortenstudie, Fall-Kontroll-Studie, Prävalenzstudie etc.) zur konkreten Fragestellung passt. Die Endpunkte und die entsprechenden Maßzahlen zur Charakterisierung dieser Endpunkte müssen detailliert aufgeführt sein.

9.4 Ergebnisse und Diskussion

Die Resultate der Studie müssen im **Ergebnisteil** des Artikels **wertfrei** aufgeführt werden, wobei zwischen **deskriptiven Ergebnissen** und Resultaten der **Inferenzstatistik** differenziert werden muss. Die deskriptiven Lage- und Streuungsparameter sollten in Form geeigneter Tabellen oder Grafiken übersichtlich dargestellt sein. Bei der Inferenzstatistik sind **Risikomaße** mit zugehörigen **Konfidenzintervallen** gebräuchlich. Durch die Angabe von **p-Werten** sollten signifikante oder insignifikante Ergebnisse kenntlich gemacht werden. Besondere Bedeutung für die Beurteilung der Qualität von Artikeln hat die Angabe von **Effektstärken**. Die alleinige Angabe von Signifikanzen ist ohne Bedeutung, da jeder geringe Unterschied zwischen Gruppenparametern durch Erhöhung des Stichprobenumfangs als signifikant nachweisbar ist.

Im **Diskussionsteil** sollten die Studienergebnisse in der Weise bewertet werden, dass man sie mit dem Stand der Forschung vergleicht. Es sollte diskutiert werden, ob die eigenen Ergebnisse einen Anlass geben, das bisherige Verhalten hinsichtlich der Therapie oder der Diagnostik zu verändern oder ob noch weitere Untersuchungen zu Abklärung nötig sind. In diesem Zusammenhang muss zwischen statistischer Signifikanz und **klinischer Relevanz** unterschieden werden. Eine statistisch nachgewiesene Signifikanz einer Intervention ist klinisch nicht relevant, wenn bspw. die Kosten der Innovation im Missverhältnis zum mitunter geringfügigen Zusatznutzen stehen. Am Ende eines Artikels sollten letztlich die Grenzen und Problemfelder der Studie diskutiert werden. Hier sollten die Autoren eventuelle **Verzerrungen (bias)** und den Einfluss von **Confoundern** thematisieren, die zu systematischen Fehlern führen. Ferner sollten Angaben zum **Datenverlust** (ITT-Prinzip) kritisch erörtert werden.

Kapitel 10

Kontrollfragen

10.1 Zu Kapitel 1: Deskriptive Statistik

Lösungen auf Seite 169.

1. **Bei sieben Probanden wurden bei Blutuntersuchungen die partiellen Thromboplastinzeiten (PTT) gemessen. Die Messwerte der PTT (in sec) lauten: 25, 39, 30, 26, 34, 27, 38.**

   Welche Aussagen sind richtig?

   1: Das arithmetische Mittel beträgt 29 sec.

   2: Der Median beträgt 30 sec.

   3: 75 % der Messwerte sind kleiner oder gleich 38 sec.

   4: Der Interquartilabstand beträgt 14 sec.

   [A] Die Aussagen 1 und 4 sind richtig.

   [B] Die Aussagen 2 und 3 sind richtig.

   [C] Nur die Aussage 1 ist richtig.

   [D] Die Aussagen 1 und 3 sind richtig.

   [E] Die Aussagen 2 und 4 sind richtig.

2. **Welche statistische Kennzahl kann nicht unmittelbar aus einem Box-Plot ermittelt werden?**

   [A] Median

   [B] Spannweite

   [C] Standardabweichung

   [D] Interquartilabstand

   [E] oberes Quartil

3. **In einer ambulanten Versorgungseinrichtung wird bei einer Gruppe von Patienten der systolische Blutdruck gemessen. Anhand der Ergebnisse einer linearen Regression würde bei einem Patienten mit einem BMI von 23 kg/m² im Mittel ein Blutdruck von 136 mmHg erwartet. Bei einem Patienten mit einem BMI von 25 kg/m² würde im Mittel ein Blutdruck von 160 mmHg prognostiziert.**

   Der Regressionskoeffizienten der zugehörigen Regressionsgeraden beträgt:

   [A] 0,12 kg/m²

   [B] 1,2 mmHg

   [C] 12 (mmHg·m²)/kg

   [D] 0,083 kg/mmHg

   [E] Die Berechnung ist aus diesen Werten nicht möglich.

4. **Ein Kreisdiagramm ...**

   [A] kann verwendet werden, um die Normalverteilungsannahme zu überprüfen;

   [B] sollte verwendet werden, um die Abhängigkeit zwischen zwei Merkmalen wie bspw. Größe und Gewicht darzustellen;

   [C] sollte verwendet werden, um die Verteilung des Alters (in Jahren) von Patienten auf der Intensivstation eines Krankenhauses darzustellen;

   [D] dient der Darstellung nominal skalierter Daten;

[E] dient der grafischen Darstellung von Minimum, 1. Quartil, Median, 3. Quartil und Maximum von Daten;

5. **Der Regressionskoeffizient b der linearen Regression von y auf x gibt an, um wie viele Einheiten...**

   [A] die y-Werte sich im Mittel ändern, wenn die x-Werte um eine Einheit größer werden;

   [B] die x-Werte sich im Mittel ändern, wenn die y-Werte um eine Einheit größer werden;

   [C] y zunimmt, wenn x eine Standardabweichung größer wird;

   [D] y_i zunimmt, wenn xi eine Einheit größer wird;

   [E] x_i zunimmt, wenn yi eine Einheit größer wird.

10.2 Zu Kapitel 2: Elementare Wahrscheinlichkeitsrechnung

1. **In einem Tierversuch wird eine Maus durch ein Labyrinth geschickt. An jeder Abzweigung kann sie links oder rechts abbiegen. In 55 % der Fälle biegt die Maus links ab.**

   Wie groß ist die Wahrscheinlichkeit, dass die Maus bei drei Abzweigungen dreimal rechts abbiegt?

   [A] ca. 45 %

   [B] ca. 16,6 %

   [C] ca. 8,6 %

   [D] ca. 9,1 %

   [E] ca. 1,3 %

2. **Was bedeutet es praktisch, wenn ein Screeningtest zur Diagnose einer allergischen Erkrankung eine Spezifität von 0,63 besitzt?**

   [A] Von 100 Personen ohne Allergie werden 37 zu Unrecht als allergisch diagnostiziert.

   [B] Bei 63 von 100 allergischen Patienten wird durch den Screeningtest die Allergie diagnostiziert.

   [C] Nur bei jedem 63-sten Patienten, der untersucht wird, liegt tatsächlich eine Allergie vor.

   [D] Bei 63 von 100 untersuchten Personen liegt keine Allergie vor.

   [E] Von 100 Patienten mit Allergie liegt bei 37 Patienten eine andere Störung vor.

3. **Ein diagnostischer Test zum Nachweis einer Krankheit ist positiv, wenn der Blutspiegel über einem bestimmten Schwellenwert liegt. Was passiert, wenn der Schwellenwert verringert wird?**

   [A] Die Spezifität sinkt und die Sensitivität steigt.

   [B] Die Spezifität und die Sensitivität steigen an.

   [C] Die Spezifität und die Sensitivität sinken.

   [D] Die Verringerung des Schwellenwerts hat keinen Einfluss auf die Spezifität und die Sensitivität.

   [E] Die Spezifität steigt und die Sensitivität sink.

4. **Ein neues Prüfverfahren für die frühzeitige Erkennung von Hörschwächen lieferte in einem Testlauf bei 500 Personen folgende Ergebnisse: 6 % der Personen hatten tatsächlich eine Hörschwäche. Von diesen erkannte das Verfahren 25. Insgesamt schrieb das Verfahren 200 Personen eine Hörschwäche zu. Welche der folgenden Aussagen ist zutreffend?**

   [A] Die Sensitivität des Tests beträgt 98 %.

   [B] Die Sensitivität ist höher als die Spezifität des Tests.

   [C] Der positive Vorhersagewert beträgt ca. 98,3 %.

[D] Sensitivität und Spezifität des Tests lassen sich aus diesen Angaben nicht berechnen.

[E] Die Prävalenz gibt den Anteil der Gesunden in der Stichprobe an.

5. **Welcher Aussage über ROC (Receiver operating characteristic)-Kurven stimmen Sie zu?**

[A] Zum Zeichnen der ROC-Kurve wird üblicherweise für verschiedene Schwellenwerte die Sensitivität gegen die Spezifität abgetragen.

[B] Den optimalen Schwellenwert erhält man grafisch durch Parallelverschiebung der Winkelhalbierenden, bis diese die ROC-Kurve als Tangente schneidet.

[C] Zum Zeichnen der ROC-Kurve wird üblicherweise für verschiedene Schwellenwerte (1-Sensitivität) gegen die Spezifität abgetragen.

[D] Je näher die ROC-Kurve an der Winkelhalbierenden liegt, umso besser ist der diagnostische Test.

[E] Zum Zeichnen der ROC-Kurve werden üblicherweise für verschiedene Schwellenwerte die prädiktiven Werte gegeneinander abgetragen.

10.3 Zu Kapitel 3: Induktive Statistik (Schätzen, Testen)

1. **Der p-Wert ist ...**

[A] die Wahrscheinlichkeit, mit der die Nullhypothese H_0 richtig ist;

[B] die Wahrscheinlichkeit, unter H_1 eine falsche Testentscheidung zu treffen;

[C] die Wahrscheinlichkeit, unter H_0 die ermittelte oder eine noch extremere Teststatistik zu erhalten;

[D] die Wahrscheinlichkeit für ein richtiges Testergebnis, unter der Annahme, dass die Nullhypothese H_0 zutrifft;

[E] die Wahrscheinlichkeit dafür, eine de facto falsche Nullhypothese zu erkennen.

2. **Welche der folgenden Aussagen ist richtig?**

[A] Das 95 %-Konfidenzintervall für die Differenz zweier Mittelwerte enthält genau dann die 0, wenn der zugehörige t-Test zum 2-seitigen 5 %-Niveau nicht signifikant ist.

[B] Wenn bei einem statistischen Test die Nullhypothese zu Unrecht verworfen wird, wird ein Fehler 2. Art gemacht.

[C] Bei gegebener Stichprobe vom Umfang n ist ein aus diesen Stichprobendaten berechnetes 95 %-Konfidenzintervall für den unbekannten Populationsparameter immer breiter als ein aus diesen Stichprobendaten berechnetes 99 %-Konfidenzintervall.

[D] Die Breite eines Konfidenzintervalls für den unbekannten Mittelwert der Grundgesamtheit hängt vom Stichprobenmittelwert ab.

[E] Je größer der Stichprobenumfang ist, desto größer ist das aus dieser Stichprobe berechnete Konfidenzintervall für den unbekannten Populationsparameter.

3. **Nachstehend finden Sie einen Teil der Ausgabe der Statistik-Software SPSS für einen zweiseitigen Gruppenvergleich zum Signifikanzniveau von 5 %. Es wurde ein neues bildgebendes Verfahren (Echo-Nav+) mit einer konventionellen Methode im Rahmen einer Mitra-Clip-Implantation hinsichtlich der Prozedurdauer (PD in min), der Zeit bis zur transseptalen Punktion (TSP in min), der Durchleuchtungsdauer (DL in min) sowie des Flächendosisproduktes (FDP in cGy · cm²) verglichen.**

Gruppenstatistiken

	EchoNav	N	Mittelwert	Standardabweichung	Standardfehler des Mittelwertes
PD	EchoNav+	91	93,4066	32,33298	3,38942
	EchoNav-	81	95,0494	35,64229	3,96025
TSP	EchoNav+	91	26,1319	12,17393	1,27617
	EchoNav-	81	33,8765	16,50180	1,83353
DL	EchoNav+	91	28,0593	13,06780	1,36988
	EchoNav-	81	30,1698	16,52284	1,83587
FDP	EchoNav+	91	8865,0516	13321,20804	1396,44204
	EchoNav-	81	6362,1136	6033,40969	670,37885

Test bei unabhängigen Stichproben

		Levene-Test der Varianzgleichheit		T-Test für die Mittelwertgleichheit						
									95% Konfidenzintervall der Differenz	
		F	Signifikanz	T	df	Sig. (2-seitig)	Mittlere Differenz	Standardfehler der Differenz	Untere	Obere
PD	Varianzen sind gleich	1,722	,191	-,317	170	,752	-1,64279	5,18312	-11,87436	8,58879
	Varianzen sind nicht gleich			-,315	162,582	,753	-1,64279	5,21265	-11,93602	8,65044
TSP	Varianzen sind gleich	4,524	,035	-3,527	170	,001	-7,74468	2,19570	-12,07903	-3,41032
	Varianzen sind nicht gleich			-3,467	145,858	,001	-7,74468	2,23394	-12,15974	-3,32961
DL	Varianzen sind gleich	2,965	,087	-,934	170	,352	-2,11041	2,25997	-6,57163	2,35081
	Varianzen sind nicht gleich			-,921	152,000	,358	-2,11041	2,29063	-6,63600	2,41517
FDP	Varianzen sind gleich	1,573	,211	1,555	170	,122	2502,93807	1609,95196	-675,13400	5681,01014
	Varianzen sind nicht gleich			1,616	128,580	,109	2502,93807	1549,01846	-561,92766	5567,80380

Welche der folgenden Aussagen ist richtig?

[A] Bei allen untersuchten Parametern konnte bei einem Signifikanzniveau von 10 % eine Gleichheit der Varianzen statistisch nachgewiesen werden.

[B] Für alle untersuchten Parameter konnten keine signifikanten Unterschiede zwischen den Gruppenmittelwerten nachgewiesen werden.

[C] Der Null-Wert ist im 95 %-Konfidenzintervall des Parameters TSP nicht enthalten.

[D] Für alle untersuchten Parameter sind die Stichproben-Mittelwerte in der EchoNav+-Gruppe kleiner als in der Kontrollgruppe.

[E] Die Fallzahlen der getesteten Gruppen sind gleich.

4. In einer klinischen Studie soll der Einfluss einer Low-Carb-Diät im Vergleich zu einer Low-Fat-Diät in zwei parallelen Behandlungsgruppen (jeweils 150 Probanden) auf den Triglyzeridspiegel überprüft werden. Der Triglyzeridspiegel wird bei jedem Teilnehmer nach einem halben Jahr bestimmt. Welcher Test ist am ehesten geeignet, um Gruppenunterschiede hinsichtlich des getesteten Parameters nachzuweisen?

[A] Chi-Quadrat-Test

[B] t-Test für unabhängige Stichproben

[C] t-Test für verbundene Stichproben

[D] Wilcoxon-Test

[E] Mediantest

5. Bei einer chronischen Darmerkrankung wird ein Medikament im Vergleich zu einer Diät getestet. Es wird jeweils ermittelt, bei wie vielen Patienten in den jeweiligen Behandlungsgruppen eine Therapieerfolg aufgetreten ist. Welcher Test ist am ehesten geeignet, um Gruppenunterschiede zwischen den beiden Therapiearten aufzuzeigen?

[A] Log-Rank-Test

[B] U-Test

[C] t-Test für unabhängige Stichproben

[D] Chi-Quadrat-Test

[E] Wilcoxon-Test

10.4 Zu Kapitel 4: Ereigniszeitanalyse

Lösungen auf Seite 170.

1. **In der folgenden Abbildung sind die Kaplan-Meier-Schätzer der kumulierten Überlebensraten für zwei Studienarme (A = Kontrolle; B = Intervention; Zeit in Wochen) einer klinischen Studie dargestellt.**

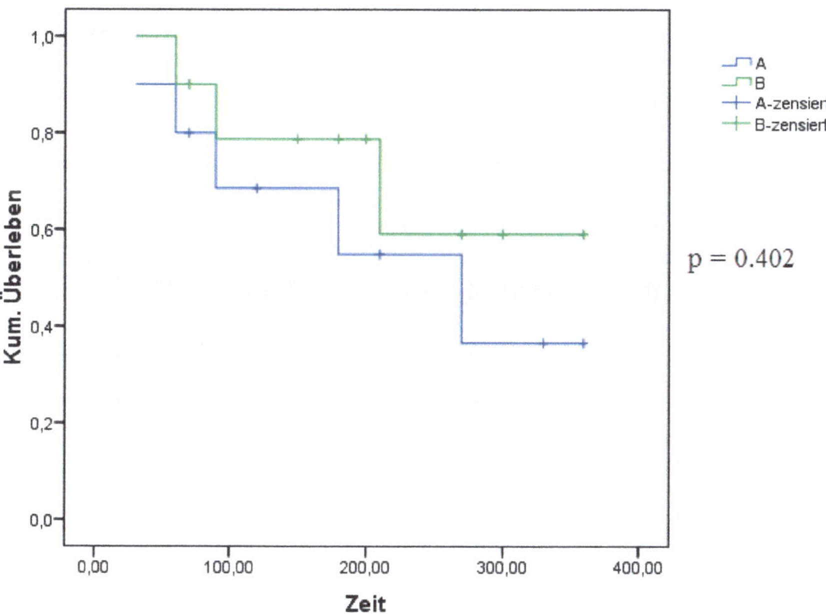

Welche der folgenden Aussagen ist richtig?

[A] Die mediane Überlebenszeit in beiden Studien beträgt ca. 4 Jahre.

[B] Die zensierten Beobachtungen werden als Ereignisse in der Auswertung berücksichtigt.

[C] Für die Studienarm B („Intervention") kann keine mediane Überlebenszeit bestimmt werden.

[D] Der Wert p=0,402 für den durchgeführten Log-Rank-Test zeigt signifikante Unterschiede hinsichtlich der Überlebenszeiten beider Studienarme an.

[E] Die 3-Jahres-Überlebensrate im Studienarm „Kontrolle“ ist größer als 80 %.

2. **Welche Aussage zur Ereigniszeitanalyse mit dem Kaplan-Meier-Schätzer ist richtig?**

[A] Die geschätzte Überlebenskurve am Ende der Studie ist immer Eins.

[B] Zensierte Beobachtungen werden aus der Analyse ausgeschlossen.

[C] Für das berechnete Hazard Ratio bei einer Cox-Regression gilt: Der untersuchte Zusammenhang ist "statistisch signifikant", wenn die 1 nicht im 95 % Konfidenzintervall liegt.

[D] Der Log-Rank-Test überprüft den gleichzeitigen Einfluss mehrerer unabhängiger Variablen auf die Ereigniszeit.

[E] Die Cox-Regression ist ein nichtparametrischer Test, der zwei Survivalfunktionen auf Gleichheit überprüft.

3. **Mit welcher statistischen Methode können – vor allem bei kleinen Fallzahlen – am besten Langzeitergebnisse einer operativen Maßnahme beurteilt werden?**

[A] t-Test

[B] U-Test

[C] Bestimmung des Odds Ratios

[D] Chi-Quadrat-Test

[E] Kaplan-Meier-Schätzung

4. **In der nachfolgenden Abbildung sind die Hazard Ratios bezüglich einiger Endpunkte für Therapien mit zwei verschiedenen Statinen (Atorvastatin vs. Pravastatin) dargestellt.**

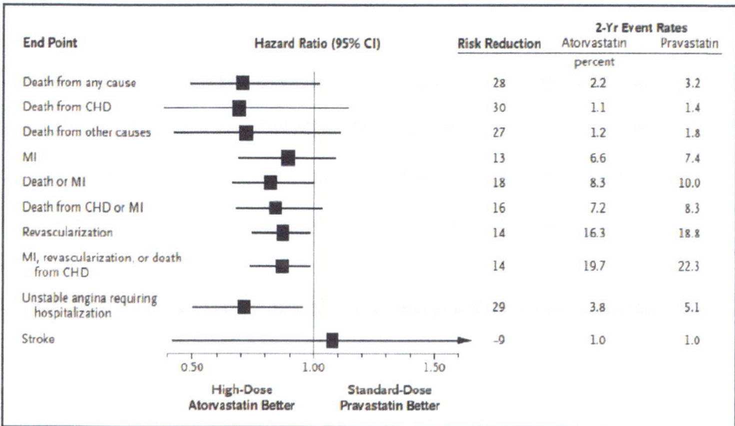

Figure 4. Estimates of the Hazard Ratio for the Secondary End Points and the Individual Components of the Primary End Point in the High-Dose Atorvastatin Group, as Compared with the Standard-Dose Pravastatin Group.
CI denotes confidence interval, CHD coronary heart disease, and MI myocardial infarction. Revascularization was performed at least 30 days after randomization.

aus: Cannon PC et al.: Intensive versus moderate lipid lowering with statins after acute coronary syndromes. N Engl J Med 2004;350:1495-504

Welche der folgenden Aussagen ist richtig?

[A] Nullhypothese gleicher Hazard-Raten in der Grundgesamtheit zum Signifikanzniveau 5 % kann für jedes betrachtete Ereignis außer „Stroke“ verworfen werden.

[B] Für alle Endpunkte ist die geschätzte Hazardrate mit der Intervention (Atorvastatin-Gabe) größer.

[C] Im 95 %-Konfidenzinterval für das Hazard-Ratio des Endpunkts „Revascularization“ enthält nicht die „1“, sodass für diesen Ereignis-Typ die Hazardraten signifikant verschieden sind.

[D] Für den Ereignis-Typ „Stroke“ konnte eine signifikante Risikoreduktion durch eine Atorvastatin-Behandlung nachgewiesen werden.

[E] Die aus der Stichprobe berechneten Hazard-Ratios sind für alle betrachteten Endpunkte größer als 1.

5. **Welcher Aussage zur Ereigniszeitanalyse ist richtig?**

   [A] Eine Beobachtungszeit, zu der das Zielereignis eingetreten ist, nennt man zensiert.

   [B] Eine Beobachtungszeit, zu der das Zielereignis nicht eingetreten ist, nennt man zensiert.

   [C] Die 5-Jahres-Überlebensrate ist nur zu berechnen, wenn keine Zensierungen vorliegen.

   [D] Der Kaplan-Meier-Schätzer kann nicht berechnet werden, falls zensierte Beobachtungszeiten vorhanden sind.

   [E] Die mediane Überlebenszeit ist der Zeitpunkt, an dem ein Viertel der Patienten noch lebt.

10.5 Zu Kapitel 5: Regressionsanalyse

1. **Die Eignung von zehn Medizinstudenten soll in einem Intelligenztest anhand ihrer Deutschnote und ihrer Gedächtnisleistung, gemessen als Zahl der Fehler in einem Gedächtnistest, vorhergesagt werden. Die Auswertung erfolgt mithilfe der multiplen linearen Regression. Nachfolgend finden Sie die Ausgabe der Statistik-Software SPSS für diesen Test.**

Modellzusammenfassung

Modell	R	R-Quadrat	Korrigiertes R-Quadrat	Standardfehler des Schätzers
1	,935[a]	,874	,838	3,40081

a. Einflußvariablen : (Konstante), Deutschnote, Gedächtnis

ANOVA[b]

Modell		Quadratsumme	df	Mittel der Quadrate	F	Signifikanz
1	Regression	560,642	2	280,321	24,238	,001[a]
	Residuen	80,958	7	11,565		
	Gesamt	641,600	9			

a. Einflußvariablen : (Konstante), Deutschnote, Gedächtnis

b. Abhängige Variable: Intelligenz

Koeffizienten[a]

Modell		Nicht standardisierte Koeffizienten		Standardisierte Koeffizienten	T	Signifikanz
		B	Standardfehler	Beta		
1	(Konstante)	144,333	8,781		16,437	,000
	Gedächtnis	-1,750	,709	-,336	-2,468	,043
	Deutschnote	-6,708	1,112	-,821	-6,034	,001

a. Abhängige Variable: Intelligenz

Welche der folgenden Aussagen ist richtig?

[A] Das Modell ist für die Vorhersage der Intelligenz nicht geeignet, da der Globaltest insignifikant ist.

[B] 93,5 % der Variabilität der Intelligenzquotienten wird durch die beiden Regressoren bestimmt.

[C] Die Deutschnote hat die höchste Vorhersagekraft für den Intelligenzquotienten.

[D] Der Prädiktor „Gedächtnisleistung" sagt das Kriterium nicht signifikant voraus.

[E] Die Regressionsfunktion lautet:
$Intelligenz = 144.3 + 1.75 \cdot Gedächtnis + 6.71 \cdot Deutschnote.$

2. Welche Aussage zur binär logistischen Regression ist richtig?

[A] Mit der binär logistischen Regression wird die Vorhersagekraft mehrerer Prädiktoren für eine intervallskalierte abhängige Variable untersucht.

[B] Die binär logistische Regression prüft die Eintretenswahrscheinlichkeit für eine dichotome abhängige Variable unter dem Einfluss mehrerer Prädiktoren.

[C] Mit der binär logistischen Regression werden Kaplan-Meier-Kurven verglichen.

[D] Der Prädiktor mit dem größten standardisierten Regressionskoeffizienten hat die größte Vorhersagekraft für die abhängige Variable.

[E] Die Signifikanz des logistischen Regressionsmodells wird mit der Varianzanalyse (ANOVA) als Globaltest geprüft.

3. **Vier Medizinstudenten testen drei verschiedene Biere („Doppelbock", „Das Süffige" und „Alt"). Mit einer Konkordanzanalyse (Kendalls W) wurde geprüft, ob es eine eindeutige Präferenzfolge gibt. Die Ergebnisse sind in der nachfolgenden SPSS-Ausgabe zusammengefasst.**

Ränge

	Mittlerer Rang
Doppelbock	1,00
Das_Süffige	2,00
Alt	3,00

Statistik für Test

N	4
Kendall-W[a]	1,000
Chi-Quadrat	8,000
df	2
Asymptotische Signifikanz	,018

a. Kendalls Übereinstimmungskoeffizient

Welche Aussage ist richtig?

[A] Die Rangsummen sind für alle beurteilten Biere gleich, sodass eine vollkommenen Konkordanz vorliegt.

[B] Mit dem Chi-Quadrat-Test konnte keine signifikante Konkordanz nachgewiesen werden.

[C] Ein Kendall-W-Wert von Eins zeigt eine Unterschiedlichkeit der individuellen Urteile an.

[D] Die durchschnittliche Rangsumme beträgt acht.

[E] Die Rangsumme für „Das Süffige" beträgt sechs.

4. **Welche Aussage zur Berechnung der Intraklassenkorrelation ist richtig?**

[A] Die Bestimmung der Intraklassenkorrelation setzt mindestens intervallskalierte abhängige Variablen voraus.

[B] Die Bestimmung der Intraklassenkorrelation gehört zu den nichtparametrischen Methoden, sodass keine normalverteilten abhängigen Variablen vorliegen müssen.

[C] Bei den unabhängigen Variablen muss ein metrisches Skalenniveau vorliegen.

[D] Zur Bestimmung der Effektstärke wird der Konkordanzkoeffizient Kendalls W berechnet.

[E] Die Bestimmung der Testgröße basiert auf der Berechnung von mittleren Rängen.

5. **Es soll untersucht werden, wie stark die Abiturnote und die Vorbereitungszeit das Abschneiden bei einem Eignungstest zur Zulassung zum Medizinstudium beeinflusst. Welche statistische Methode ist bei dieser Fragestellung am ehesten geeignet?**

   [A] Binär logistische Regression

   [B] Intraklassenkorrelation

   [C] Multiple lineare Regression

   [D] Einfache lineare Regression

   [E] Zweifaktorielle Varianzanalyse

10.6 Zu Kapitel 6: Risikomaße

1. **Die Odds Ratio (OR) ...**

   [A] darf nur für prospektive Studien berechnet werden;

   [B] ist ein Maß für den Zusammenhang zwischen einer Exposition und einer Krankheit;

   [C] ist ein Maß für die Inzidenz einer Krankheit;

   [D] liegt immer zwischen 0 und 1;

   [E] ist bei einer präventiven Exposition negativ.

2. **In einer Kohortenstudie soll der Einfluss von Asbestbelastung auf das Risiko für Lungenkrebs untersucht werden. Das für die Stichprobe berechnete relative Risiko beträgt 1,9. Das zugehörige 95 %-Konfidenzintervall beträgt [0,8; 3,0].**

   Welche Aussage ist richtig:

   [A] Das Risiko für Lungenkrebs beträgt 1,9.

[B] Das Ergebnis ist zum Signifikanzniveau $\alpha = 5\,\%$ statistisch signifikant.

[C] Für die betrachtete Stichprobe ist das Risiko, an Lungenkrebs zu erkranken unter Asbestexposition 1,9-fach höher als bei Nicht-Exponierten.

[D] Beim relativen Risiko werden die Chancen verglichen, unter Exposition und Nicht-Exposition zu erkranken.

[E] Das relative Risiko kann für prospektive und retrospektive Studien sinnvoll interpretiert werden.

3. Eine Studie zur Untersuchung des Zusammenhangs zwischen dem Risikofaktor „niedrige Ballaststoffzufuhr" und dem „Hämorrhoidalleiden" zeigte folgendes Ergebnis:

		Hämorrhoidalleiden		
		Ja	Nein	
Exposition (Ballaststoffe ↓)	Ja	600	1400	2000
	Nein	1400	9100	10500
		2000	10500	12500

Die Odds Ratio beträgt ...

[A] 2,25

[B] 0,16

[C] 2,79

[D] 0,3

[E] 15,2

4. **Unter Inzidenz versteht man in der Epidemiologie ...**

   [A] die Neuerkrankungsrate;

   [B] den aktuellen Krankenstand;

   [C] die Virulenz eines Erregers;

   [D] die Morbidität;

   [E] den Einfluss eines Confounders.

5. **Ein Risikofaktor ...**

   [A] gibt an, ob ein Patient an einer bestimmten Krankheit versterben wird;

   [B] ist ein Merkmal, das mit dem Auftreten der Krankheit assoziiert ist;

   [C] ist ein Merkmal, das kausal für das Auftreten einer Krankheit verantwortlich ist;

   [D] ist immer konstitutiv und damit nicht beeinflussbar;

   [E] ist immer ein qualitatives Merkmal.

10.7 Zu Kapitel 7: Studientypen

Lösungen auf Seite 171.

1. **Eine Kohortenstudie ...**

   [A] ist eine prospektive Beobachtungsstudie;

   [B] ist eine Querschnittsstudie;

   [C] ist nicht dazu geeignet, das relative Risiken zu ermitteln;

   [D] eine retrospektive Studie, in der Gruppen von Erkrankten und Gesunden miteinander verglichen werden;

   [E] wird bei seltenen Krankheiten und häufigen Risikofaktoren durchgeführt.

2. In einer Fall-Kontroll-Studie über den vermuteten Zusammenhang zwischen dem Endometriumkarzinom und der Östrogentherapie ...

[A] handelt es sich um eine Sonderform der Kohorten-Studie;

[B] lässt sich zeigen, dass der vermutete Zusammenhang kausal ist;

[C] werden Karzinompatienten mit Nicht-Karzinompatienten bezüglich des Merkmals Östrogentherapie verglichen;

[D] lässt sich das relative Risiko für Gebärmutterkrebs unter der Östrogentherapie sinnvoll interpretieren;

[E] werden Patienten unter Östrogentherapie mit Patienten ohne Östrogentherapie bezüglich des Merkmals Gebärmutterkrebs untersucht.

3. Als Confounder bezeichnet man ein Merkmal, welches ...

[A] zwar erhoben wurde, für die Untersuchung aber nicht verwendet wird;

[B] nicht für alle Patienten erhoben wurde;

[C] den wahren Einfluss einer Variable auf eine Zielvariable verzerrt;

[D] nicht erhoben werden muss, da es aus einem anderen Merkmal abgeleitet werden kann;

[E] in die statistische Analyse mit eingeht, aber klinisch nicht relevant ist.

4. Wann ist eine Fall-Kontroll-Studie vorteilhafter als eine Kohortenstudie?

[A] seltener Risikofaktor

[B] seltene Krankheit

[C] kurze Latenzzeit für die Entstehung der Krankheit

[D] ein Risikofaktor für mehrere Krankheiten

[E] Interpretation mit dem relativen Risiko

5. **Welcher Studientyp eignet sich für Arzneimittelstudien der Phase IV?**

   [A] Querschnittsstudie

   [B] Fall-Kontroll-Studie

   [C] Kohortenstudie

   [D] randomisierte klinische Studie

   [E] Prävalenzstudie

10.8 Zu Kapitel 8: Durchführung einer klinischen Studie

1. **Welches Verfahren gewährleistet in einer kontrollierten klinischen Studie die Strukturgleichheit der Behandlungsgruppen?**

   [A] Placebogabe

   [B] Doppelverblindung

   [C] Verblindung der Patienten

   [D] Notfallumschläge

   [E] Randomisierung

2. **Welche Aussage über den Fehler 1. Art (α-Fehler) beim Testen von Hypothesen in klinischen Studien ist richtig?**

   [A] Die Wahrscheinlichkeit für den Fehler 1. Art kann meist frei gewählt werden.

   [B] Durch Festlegung des Signifikanzniveaus auf 0,01 ist ein Fehler 1. Art ausgeschlossen.

   [C] Die Wahrscheinlichkeit für den Fehler 2. Art wächst proportional zur Wahrscheinlichkeit für den Fehler 1. Art.

   [D] Die Power eines statistischen Tests ist definiert als $1 - \alpha$.

[E] Bei einer Poweranalyse wird mit einem α-Fehler kalkuliert, der viermal so groß ist wie der β-Fehler.

3. **Bei einer klinischen Studie werden mit Hilfe einer neuen therapeutischen Intervention 34 % der Patienten erfolgreich behandelt, mit Hilfe der Standardtherapie 29 %. Welcher Aussage über die „Number Needed to Treat" (NNT) stimmen sie zu?**

   [A] Die NNT beträgt 25.

   [B] Die NNT ist die Anzahl der Patienten, die behandelt werden müssen, damit ein zusätzlicher Behandlungserfolg beobachtet wird.

   [C] Die NNT ist die Anzahl der Patienten, die behandelt werden, ohne dass eine unerwartete Nebenwirkung auftritt.

   [D] Die NNT beträgt 0,25.

   [E] Die Berechnung der NNT erfolgt mit der Poweranalyse.

4. **Im Rahmen einer klinischen Studie soll geprüft werden, ob sich ein neu entwickeltes Medikament in seiner Wirkung von einer reinen Placebogabe unterscheidet.**

   Wie lautet die Nullhypothese des statistischen Tests?

   [A] Placebo und Medikament unterscheiden sich in ihrer Wirkung.

   [B] Placebo und Medikament sind beide wirksam.

   [C] Das Medikament wirkt besser als das Placebo.

   [D] Das Medikament wirkt schlechter als das Placebo.

   [E] Placebo und Medikament unterscheiden sich nicht in ihrer Wirkung.

5. **Eine kontrollierte klinische Studie hatte als Resultat, dass ein neues Medikament signifikant besser ist als das Placebo ($\alpha \leq 5\,\%$).**

   Welche Aussage ist richtig?

   [A] Es ist damit bewiesen, dass das neue Medikament besser als das Placebo ist.

[B] Falls das neue Medikament nicht besser ist als das Placebo, ist die Wahrscheinlichkeit für ein solches Resultat kleiner oder gleich 5 %.

[C] Der zugehörige p-Wert ist größer als 0,05.

[D] Mit einer Wahrscheinlichkeit von ca. 5 % ist das Placebo besser als das neue Medikament.

[E] Die Power des Tests beträgt 1- α = 95 %.

10.9 Zu Kapitel 9: Beurteilung wissenschaftlicher Artikel

1. **1. Die Datenbank MEDLINE enthält..**

   [A] überwiegend Buchartikel.

   [B] Volltexte von Zeitschriftenartikeln.

   [C] Abstracts von Zeitschriftenartikeln.

   [D] Dissertationen.

   [E] Jahrgänge des deutschen Ärzteblattes.

2. **Eine "Reverse causation" in einer Beobachtungsstudie zur Bewertung eines Koffeinabusus als Risikofaktor für Depressionen liegt vor, ...**

   [A] wenn frühe, der Diagnose vorangehende Symptome einer Depression den Koffeinkonsum beeinflussen, bevor die Depression diagnostiziert werden kann.

   [B] wenn ein negativer Zusammenhang zwischen Koffeineinnahme und Depressionsrisiko nachweisbar ist.

   [C] wenn nicht der Koffeinabusus die Depression verursacht hat, sondern die Koffeineinnahme mit einem anderen Risikofaktor korreliert ist.

   [D] wenn allein der Zufall für den beobachteten Zusammenhang verantwortlich ist.

[E] wenn die Depression dazu führt, dass der Patient seinen Konsum von Kaffee unterschätzt.

3. Welche statistischen Maßzahlen werden bei einer Metaanalyse aus Einzelstudien zusammengefasst?

[A] p-Werte

[B] Power der Tests

[C] Effektstärken

[D] β-Fehler

[E] Prüfgrößen

4. Welche Studien haben den höchsten Evidenzhärtegrad?

[A] randomisierte kontrollierte klinische Studien

[B] Kohortenstudien

[C] Querschnittsstudien

[D] Fall-Kontroll-Studien

[E] Prävalenzstudien

5. Was versteht man am ehesten unter einem „Publikations-Bias"?

[A] Es werden nur die Ergebnisse von kontrollierten klinischen Studien in einer Metaanalyse berücksichtigt.

[B] Es werden bevorzugt Studien mit signifikanten Ergebnissen publiziert.

[C] Es fehlen Hinweise zur Art der Randomisierung im Methodik-Teil des Artikels.

[D] Die Labormethoden werden ohne Angabe der Reliabilität und Validität aufgeführt.

[E] In der Einleitung findet man nur Angaben zu veralteten Quellen.

10.10 Lösungen

Zu Kapitel 1: Deskriptive Statistik

- Frage 1: Lösung B
- Frage 2: Lösung C
- Frage 3: Lösung C
- Frage 4: Lösung D
- Frage 5: Lösung A

Zu Kapitel 2:

- Frage 1: Lösung D
- Frage 2: Lösung A
- Frage 3: Lösung A
- Frage 4: Lösung B (Sensitivität: 83 %; Spezifität: 63 %)
- Frage 5: Lösung B

Zu Kapitel 3:

- Frage 1: Lösung C
- Frage 2: Lösung A
- Frage 3: Lösung C
- Frage 4: Lösung B
- Frage 5: Lösung D

Zu Kapitel 4:

- Frage 1: Lösung C
- Frage 2: Lösung C
- Frage 3: Lösung E
- Frage 4: Lösung C
- Frage 5: Lösung B

Zu Kapitel 5:

- Frage 1: Lösung C
- Frage 2: Lösung B
- Frage 3: Lösung D
- Frage 4: Lösung A
- Frage 5: Lösung C

Zu Kapitel 6:

- Frage 1: Lösung B
- Frage 2: Lösung C
- Frage 3: Lösung C
- Frage 4: Lösung A
- Frage 5: Lösung B

Zu Kapitel 7:

- Frage 1: Lösung A
- Frage 2: Lösung C
- Frage 3: Lösung C
- Frage 4: Lösung B
- Frage 5: Lösung C

Zu Kapitel 8:

- Frage 1: Lösung E
- Frage 2: Lösung A
- Frage 3: Lösung B
- Frage 4: Lösung E
- Frage 5: Lösung B

Zu Kapitel 9:

- Frage 1: Lösung C
- Frage 2: Lösung A
- Frage 3: Lösung C
- Frage 4: Lösung A
- Frage 5: Lösung B

Tabellenverzeichnis

Abbildungsverzeichnis

Literaturverzeichnis

Bonita R, Beaglehole R, Kjellström T (2008): Einführung in die Epidemiologie. Huber, Bern

Cannon PC et al. (2004): Intensive versus moderate lipid lowering with statins after acute coronary syndromes. N Engl J Med 2004;350:1495-504

Fletcher RH, Fletcher SW (2007): Klinische Epidemiologie. Huber, Bern

Hoff, K. et al. (2009): Long-term outcome and clinical prognostic factors in children with medulloblastoma treated in the prospective randomised multicentre trial HIT'91. EJC 2009; 45: 1209-17

Sachs L. (2003): Angewandte Statistik. 11. Auflage. Berlin: Springer

Teng C. et al. (2003): Effect of tight necktie on intraocular pressure. Br J Opthalmol 2003; 87: 946-8

Software:
IBM SPSS Statistics Version 25
GraphPad Prism Software, Version 8
G*Power Version 3.1.9.2